一二年生草花生产技术

宋利娜　主编

中原农民出版社

· 郑州 ·

图书在版编目(CIP)数据

一二年生草花生产技术/宋利娜等主编.—郑州：
中原农民出版社，2016.1
（花卉周年生产技术丛书）
ISBN 978 - 7 - 5542 - 1380 - 3

Ⅰ.①—⋯ Ⅱ.①宋⋯ Ⅲ.①花卉 - 观赏园艺 Ⅳ.①S68

中国版本图书馆 CIP 数据核字(2016)第 019777 号

一二年生草花生产技术

宋利娜　主编

出版社：中原农民出版社　　　　网址：http://www.zynm.com
地址：郑州市经五路 66 号　　　邮政编码：450002
办公电话：0371 -65751257　　购书电话：0371 -65724566

发行单位：全国新华书店
承印单位：河南安泰彩印有限公司

投稿信箱：Djj65388962@163.com
交流 QQ：895838186
策划编辑电话：13937196613　0371 -65788676

开本：787mm×1092mm　　　　　　1/16
印张：10.25
字数：206 千字
版次：2016 年 10 月第 1 版　　印次：2016 年 10 月第 1 次印刷

书号：ISBN 978 - 7 - 5542 - 1380 - 3　　定价：39.00 元
本书如有印装质量问题,由承印厂负责调换

家庭农场丛书编委会

本书作者

主　　编　宋利娜
副 主 编　张华丽　丛日晨　王茂良
参编人员　赵正楠　夏　菲　王　涛　辛海波
　　　　　秦贺兰　梁　芳　董爱香　李子敬
　　　　　张　铖　弓传伟　崔荣峰

内容提要

本书主要分为总论及分论两大部分。第一章至七章为总论,总体论述了一二年生草花发展现状及存在问题、周年生产技术和周年制种技术。第八章为分论,分别重点介绍了十几种草花的具体生产技术。

总论中详细介绍了穴盘育苗、穴盘苗的移栽、栽后苗期管理等周年生产技术中的关键环节。穴盘苗的质量直接影响后期植株的生长乃至最终成品苗的品质,无病虫害、生长整齐、株体健壮的优良穴盘苗的获得是成功的基础。因此本书重点介绍了穴盘育苗技术,从前期种子的选择、基质的配制到后期肥水的管理、生长的调节等。穴盘苗如果移栽不当会造成大批死亡,影响收益。因此,要格外注意移栽中的注意事项及栽后一周的管理。苗期管理主要介绍了肥水管理及生长调控,保证了盆花质量及按时出圃。

分论主要介绍了十几种我国传统的广泛栽培的以及国外引进的近年比较流行的一二年生草本花卉。一二年生草花有很多共同的特性,但各自又有其不同的生长习性,因此,在生产时就要具体花卉具体管理。

前　言

随着全球经济的迅速增长,花坛花卉在许多国家都已成为花卉产业的重要组成部分。在我国,随着奥运会的成功举办、几届世园会的圆满落幕,近些年来,花坛花卉的发展令人瞩目。作为主要花坛花卉的一二年生草花,以其丰富的色彩繁多的种类,越来越受到国内外育种者的关注及生产者的青睐,需求量逐年增加。随之,传统的一二年生草花生产设施及技术水平已无法满足生产者要求,先进的生产设备及规范的生产技术为生产者所渴望。

近年来,园林绿化水平不断提高,对新品花卉的需求愈加强烈,新品一二年生草花进口量大幅增加,新品草花的盆花销售价格较高,但其需要精细严格的管理技术,这对种植者提出了更高的要求。本书为了解决广大种植者的迫切需求,不但包括了传统一二年生草花的具体生产技术,近年国内外比较流行的新品生产技术亦有详细说明,期望广大栽培者能从本书中找到有价值的真正需要的信息。

本书以编者多年从事草花生产的经验为基础,结合实地草花生产企业基地的考察经验、个体种植者的交流心得、国内外相关文献的查阅参考,编者而成。兼具实用性与全面性,语言平实简洁、通俗易懂是本书特色,既适于初学者,也适于有经验的广大种植者。编者由衷希望本书能为大家所用,提高草花栽培技术的整体水平增加经济效益,为我国花卉业的发展尽绵薄之力。

内容上分为总论与各论两大部分,第一至七章为总论,主要介绍了我国一二年生草花生产现状、穴盘育苗技术、穴盘苗的移栽、苗期管理、病虫害防治。第八章为各论,详细介绍了十几种一二年生草花的周年生产技术。

由于编者水平、经验有限,书中错误、疏漏和不妥之处在所难免,恳请读者批评指正。

目录

 # 一、概述

（一）一二年生草花特点及应用

1. 概念

一二年生草本花卉包括一年生花卉与二年生花卉,但实际生产栽培中部分多年生宿根花卉也作一二年生草花栽培。

（1）**一年生花卉**　种子发芽后当年即开花结实,一个生长季内完成全部生活史。一般春季无霜后播种,夏秋开花结实,冬季死亡。如万寿菊、百日草、一串红、凤仙花、波斯菊、美女樱、藿香蓟等。

（2）**二年生花卉**　种子在上一年播种发芽,当年只进行营养生长,第二年春夏开花结实,在两个生长季完成生活史的花卉。一般秋天播种,发芽生长,第二年的春天初夏开花结实,夏季死亡。特点是耐寒不耐高温,多为长日性、易结实。如三色堇、石竹、紫罗兰、报春花、虞美人、毛地黄、瓜叶菊等。

（3）**既可作一年生又可作二年生栽培的花卉**　一二年生花卉的划分没有严格的界限,随着花卉栽培设施的现代化及花卉本身抗性的不同,生产中有些花卉既可作一年生春播亦可作二年生秋播。如月见草春播、秋播均可,只是花期不同。矮牵牛可在保护地秋播过冬。

2. 生态习性

一二年生草花大多喜阳光充足的温暖环境,对土壤要求不严,除重黏土和过于疏松土壤外,均能生长。当然在土质肥沃、排水性好、富含腐殖质的土壤条件更利于生长。根系较浅,不耐干旱,应保持表土适度湿润。

一年生草花喜温暖不耐寒,最低温度不宜低于0℃。二年生草花多喜冷凉,不耐炎热,耐寒性强,可耐0℃以下低温。

3. 分类

一二年生草花是一年生草花与二年生草花的统称。由于依据不同,而有多种分类方

法,现主要介绍以下三种分类方式:

(1)**依生态习性分**

1)冷凉型　喜凉爽气候,较耐寒,怕高温忌炎热。北方地区早春开放,多为二年生草花,如三色堇、瓜叶菊、天竺葵、金鱼草等。

2)温暖型　喜阳光充足的温暖环境,不耐低温,易受冻害。多为一年生草花,如一串红、百日草、孔雀草等。

(2)**依主要观赏器官分**

1)观花类　以花作为主要观赏器官。常具花色艳丽、花形奇特等特点。多数一二年生草花均属此类。

2)观叶类　以叶部作为主要观赏器官。常具叶色丰富、叶形奇异等特点。如彩叶草、观叶秋海棠等。

3)观果类　以果实作为主要观赏器官。常具果色多样、果形特异等特点。如观赏辣椒。

(3)**依植株形态分**

1)直立型　正常栽培条件下直立生长。多数一二年生草花均为此类型。

2)半直立型　茎干上部略出现波状弯曲。如非洲凤仙、矮牵牛等。

3)垂吊型　植株蔓生,枝条下垂。如垂吊海棠、垂吊天竺葵等。

4. 园林应用特征

一二年生草花易结实,繁殖系数大,多采用种子繁殖。生长速度快,生长周期短,开花观赏期长,可用于花坛、花镜、花带、地被、切花、干花、庭院装点等,是非常重要的园林植物。大多一二年生草花栽培生产成本较低、栽培简易。但近年从国外进口的新品,科子价格昂贵,对环境要求较为严格,需精细管理。园林应用中有如下特征:

(1)**花期长、品种多、色彩艳**　在园林绿化中,起到很好的增加层次和丰富色彩的作用,具有较强的装饰和美化效果,可提升整个城市面貌。

(2)**应用形式多样**　既可栽植于露地,摆放于花坛,也可采用吊篮等形式,美化节省空间,丰富景观形态。

(3)**环境适应性弱**　一二年生草花不同于宿根花卉,对环境适应性较弱,栽植摆放后,仍需人工管理,浇水换盆等,养护成本较高。

随着"花园城市"概念的提出,加之一二年生草花本身所具造景迅速、应用多样、效果突出等特点,越来越受到人们的青睐与重视,位于园林绿化中的主导地位已无法被其他植物所取代,相信在未来的日子里,应用前景会更加广泛。

（二）国内外草花生产现状

近年来,花卉业以前所未有的速度得到发展,消费与出口额迅速增长。栽培花卉不仅有广泛的社会效益、环境效益,还有巨大的经济效益。2012年,世界花卉年消费额已达2 500亿美元。花卉业在世界经济活动中成为一种新兴的和最具发展活力的产业之一,花卉产品已成为国际大宗商品,消费量持续增加。目前,主要花卉生产国荷兰、比利时、丹麦、哥伦比亚,仍保持世界花卉出口的领先地位,但发展中国家如肯尼亚、津巴布韦、波多黎各、墨西哥、印度等,也积极参与花卉国际市场竞争。随着世界花卉业的发展,花坛花卉及盆栽花卉用量也在逐年上升。

1. 国外草花发展现状

自20世纪90年代初,国际上主要花卉生产国美国、荷兰、日本、丹麦、比利时等,开始重视和发展优质盆花生产,走规模化、自动化和国际化的道路。一些新兴的花卉生产国如以色列、肯尼亚、哥伦比亚、新西兰等,从单纯的切花生产转向盆花生产,并逐步扩大盆栽花卉和盆栽观叶植物的规模。

（1）**美国草花发展现状**　美国是世界三大园艺生产国之一,同时也是三大园艺产品消费国之一。据美国国家农业统计部门统计,2011年美国花卉销售额为200亿美元,美国的国内花卉消费格局已经基本形成,最受欢迎的是一二年生草花,其次是多年生植物和切花。美国最大的草花种子生产销售公司泛美种子公司,为世界著名的花卉园艺公司之一,现已发展壮大为国际性育种企业,花卉种类可达上百种,并不断有新品种涌现。获奖数量已占全美选种组织（AAS）全部奖项的1/3,其中矮牵牛及金钱草获奖最多。商业化程度较高,营销方式也很规范,为国际盆花生产提供金鱼草、三色堇、长春花、长寿花、新几内亚凤仙、一串红和天竺葵等优质、新型和杂交种F_1代种子。

在盆花栽培方面,设施现代化程度很高,优质盆花的生产均采用先进的温室设施栽培,生产高度自动化。从盆栽到上栽植槽、栽植槽进入温室直到含苞开放的盆花商品包装送出,完全是流水线工厂化生产。一个生长周期下来,整齐一致的盆花商品当天可到达世界主要城市的零售商手中。设施栽培全部采用电脑程序控制,包括温度、水分、营养、二氧化碳、光照等。设施现代化为盆花的商品生产节省了劳力和成本,使商品具备更强的竞争力。同时,为盆花商品的周年供应创造了条件。例如长春花、矮牵牛、一串红等从播种至开花需60天,鸡冠花、非洲凤仙从播种至开花需50天,大岩桐、球根秋海棠等从播种至开花需120天,只有设施现代化的温室才有可能使盆花按时上市,成为真正的商品。美国花卉生产公司愈来愈趋向大规模方向发展,花坛花卉和庭院花卉作为美国花卉产业的重头戏,年销售额逐年上升。

（2）**荷兰草花发展现状**　荷兰花卉业位于世界花卉产业的霸主地位,不断高度专业化、集约化。花卉业在荷兰农业中，具有举足轻重的地位，已成为荷兰农业的支柱产业。每年花卉产业可创造 50 亿欧元的价值，约占荷兰园艺总产值的一半，从事花卉生产的企业达 11 000 家，为世界第一大花卉出口国。荷兰的鲜切花、球根花卉闻名世界，花坛花卉的发展也仍处于世界领先行列。有世界著名的先正达及凯大特等著名的草花种子公司。2002 年，国际花卉品种展示会在荷兰首次举办，是业内人士掌握盆栽和花坛植物最新流行趋势的良好平台。目的是让种植者、批发商零售商通过参观温室、苗圃尽可能地了解最新的花卉品种，2010 年，花卉新品种展示已成为欧洲花卉界最重要的展示会之一，也是全球最大的盆花草花展示会，参展企业已达 31 个。

荷兰花卉生产的一大特点是其高度的专业化水平。不少种植者只专门生产一种花卉，甚至是一种花卉的一个品种。荷兰有十分完善的市场流通体系，降低了交易成本、提高了效率。尽管荷兰的花卉和观赏植物多由家庭农场生产，但生产规模很大，特别是生产花卉的玻璃温室，用以保证作物不受外界天气影响，并有可能对气候进行控制。荷兰花卉业的成功是由诸多因素决定的，悠久的生产历史，完善的花卉栽培教育、推广和研究，极大地提高了花农的技术水平。不断的科学研究使荷兰的花卉业经常开发出新技术和新产品，高效检验服务和质量控制系统确保了花卉生产的最佳质量，完善的基础设施和配套服务以及成功的配送系统使花卉种植者走向专业化生产，形成良好的经济效益。

（3）**日本草花发展现状**　日本是世界三大花卉生产先进国之一，在产量和技术上都居于世界领先地位，同时也是居亚洲第一的花卉消费国。在种植的盆栽植物中有 55% 是地被植物，其中三色堇最多。日本的大型草花种苗公司有泷井、坂田等。其中坂田公司每年都会培育推出矮牵牛、三色堇和非洲菊等多种草花新品种，且栽培表现良好，受到种植者青睐。日本花卉市场供应稳定，大多数花卉在温室中种植，由于温室条件下，温度、光照、气体可以调节，从而保证了花卉的全年供应。

日本花卉生产以花农为主，一般一户只生产一种花卉，专业化程度相当高。花农可以熟练地掌握栽培技术，保证产品质量，提高经济效益。日本市场对质量要求算得上世界之最，为保证质量，优质优价，上市前的验货和定级非常严格。批发市场、配送中心、花店等营销环节一般不向农户直接进货，而是通过与农协或合作小组签订合同。因此，在各产地都有农协或合作小组设定的集货点，由集货点负责统一验货、运输等。在行业管理上，政府部门制定发展规划，确定大的建设项目。

2. 我国草花发展现状

（1）**起步晚、发展快**　我国有悠久的花卉栽培历史，可追溯至春秋时代。但草本花卉的发展一直未受到重视，栽培技术落后，多在庭院栽种，仅供自家观赏用。种类很少，多为我国传统常见的种类，如一串红、万寿菊、百日草、紫茉莉、波斯菊等。

20 世纪 80 年代，我国花卉业已有了空前的发展。1987 年全国花卉种植面积约

26 700平方千米,其中盆花生产也逐步走上规模生产化,并广泛应用于展览和景观布置。1998 年,起源于美国的穴盘技术正式引入我国花卉产业,逐渐在花坛花卉育苗生产中广泛应用。随着经济的发展,人们对环境美化要求的提高,受到欧美等发达国家的影响越来越多,对草花的需求越来越大,随之市场日益扩大,使得草花产业不断发展壮大。台湾是我国最早引入国外草花新品种及推广穴盘系统的地区,加之得天独厚的地理条件,所以台湾地区草花产业的发展一直领先内地。近年来,我国草花产值年平均增长 20% 以上,北京、上海、大连、辽宁、江苏、云南、山东等地,草花企业及个体种植户生产规模不断扩大。在园林绿化应用中已由从属地位上升到主导地位,"城市花园"正在被"花园城市"的理念取代,草花越来越受人们的重视和青睐。奥运会的成功举办、世博会的顺利召开也使得我国花坛花卉的发展进入了新的历史时期,使得我国草花市场引起众多国外草花育种商和经销商的关注。草花消费也将由过去的集团消费和节假日消费的市场逐步向全民消费的市场转变。

(2)**新种类、新品种不断涌现并应用** 现阶段,在草花的需求量大幅增加的同时,对种类和品种也有了较高的要求。传统的草花已不能满足园林绿化的需求。因此,大量的新品种从国外引进来并广泛应用到花坛、道路、家庭。现在应用较广的有矮牵牛、四季海棠、凤仙、金光菊、角堇、长春花等。另外,垂吊类品种近些年被大量应用,如垂吊矮牵牛、垂吊三色堇、垂吊天竺葵、垂吊长春花等,起到很好的立体绿化和美化效果,见图 1-1。新引进品种较我国传统草花的栽培管理与生产技术要严格,在生产过程中需加强日常管理。

图 1-1　垂吊品种

　　（3）**应用形式趋于多样**　草花依靠它自身的特点,在园林绿化上的应用非常广泛。按照运用的形式可分为大面积片植、草坪镶嵌、立体美化、花坛用花等。草花也是装点庭院、美化居室的上好材料,既可以悬挂在花篮里,摆放于阳台,也可栽种在花坛,为人们的生活添加些许温馨,充满乐趣。草花在我国一直以来主要以永久性或临时性的平面花坛形式应用居多,在重大节日或庆典活动中用多数盆花摆放布置成规则整齐的几何图形,见图1-2。

图1-2　平面花坛

　　近年来,草花的立体化应用在我国逐年流行起来。立体美化主要形式有垂直绿化装饰、花柱、花球吊带等,花坛用花常采用托盆种植进行装饰,可保证四季有花,见图1-3。立体花坛主要运用花柱、花球、花钵、花车、花墙等模型式花坛进行垂直美化装饰。常设在出入口或显著位置,追求立体观赏效果,艺术性强。欧美等发达国家应用已经非常普遍。草花立体化应用能够节省空间,也能使景观拥有丰富的形态变化,对绿化空间越来越狭小的城市来说,是一个很大的突破。

另外,草花组合盆栽也是近年流行的花卉应用,在国内还未大规模兴起,在国外已经有几十年的历史。组合盆栽是通过艺术加工使简单的花卉变成完美的艺术作品,强调组合设计,并搭配一些大小不等的容器,配合株高的变化,以群组的方式放置,见图1-4。另外,还可以根据消费者的爱好,随意打造一些理想的有立体感的组合景观。

图1-3 立体花坛

(4) 草花产业发展势头正劲 受国外花卉业大气候的影响,草花业在我国的发展前景非常乐观,尤其是2008年北京奥运会和2010年上海世博会到来之际,以经营草花种子为主的泛美、先正达等种子公司,都相继在我国成立分公司或发展代理商。从另一个方面说明了我国草花市场的潜力。各种草花产品已经成为各大城市消费的必需品。如重庆,每年各种节假日在重要路口、

图1-4 组合盆栽

主城区广场等地摆放时令花卉150万~170万盆,还有一些公园、风景区举办的花卉展览,每年需要50万盆左右,社会单位每年需要100万盆以上,市民日常需要量每年约70万盆。北京每年的草花用量也在不断增加。

(三) 我国草花发展现存问题及对策

近年来,我国草花产业呈现出较好的发展趋势,成为许多地区调整产业结构、振兴地

方经济的支柱产业之一。但与发达国家相比，仍处于起步阶段，在迅速发展的同时暴露诸多问题。

1．现存问题

（1）**种子依赖进口，育种水平落后**　由于国外在草花育种、生产方面走在世界前列，目前我国所生产的高品质的草花品种大多从国外引进。我国的草花种子市场基本上为国外种子公司所垄断，一些大规模生产用种的引进，不仅要花费大量外汇，还会经常受制于人，对产业发展十分不利。而我国少数草花种子公司在不具备相应技术和设备的情况下，盗用国外亲本自行繁殖，种子质量严重不合格，甚至出售过期种子及假种子，严重扰乱草花种子市场。

我国草花育种起步较晚，育种水平和国外发达国家存在很大差距，现代花卉选育在20世纪80年代后期才起步。如北京市园林科学研究院从1979年起开始草花选育工作，但由于基础薄弱，经费缺乏，并缺乏相对稳定的科研人员，且在当前科研部门普遍追求出成果、见效益的大环境下，进展缓慢，尚未形成研究、开发、生产一体化的局面。在育种过程中，只重视引种，而忽视育种，使我国丰富的种质资源得不到合理利用，不能形成自己的特色品种和优势，缺乏国际竞争力。盲目引种和重复引种，也会造成大量资金浪费。在引种时又只重品种引进，忽视技术引进，也达不到优质、高产的目的。

（2）**生产规模小，专业化程度低**　我国花卉生产总面积约占世界花卉生产总面积的1/3，位居世界第一。但花卉整体生产水平落后，其主要原因是低水平重复扩大生产面积、单位面积产量低、产品质量差、品种落后、规模过小等。

目前，我国花卉生产的主体是分散的农户，占花卉生产者的60%，35%为企业。多数的小规模花农缺乏生产技术知识，主要靠经验进行栽培和经营，生产存在一定的盲目性，难以满足市场需求。分散的小规模生产造成了小生产与大市场的矛盾，难以形成规模效益。花卉产业作为特色农业，对农业设施要求高，需要专门的生产技术和温棚、水肥灌溉管网等固定化的农业设施。除科研院所及大型企业有专业的现代化温室外，大部分均使用设施简陋的一般保护地，生产方式还比较落后。

（3）**缺乏宏观调控，农户盲目生产**　草花生产以个体花农为主，为了增加利润，花农尽可能地降低投资成本，忽视花卉质量。当前花坛草花质量没有统一标准，盲目追求产量而不重视质量的现象比较普遍，造成草花质量普遍较低。由于缺乏专业的组织机构协调，生产带有一定的盲目性。花农从种子、种苗采购到栽培、采收以及运输销售都要自己负责，自行确定生产计划，花农自行寻求销售渠道，只求微薄的利润就转手于花贩而造成市场环境的不稳定。这种带有小农性质的生产方式很难适应市场经济的发展。由于缺乏宏观调控，随着各大中型城市草花用量的急剧上升，很多企业和个人转行进行草花生产，缺乏准确、科学、有效的市场信息指导，加上行业管理不完善，盲目生产，出现供大于求的现象,导致许多花卉产品价格严重下跌,打击了花卉生产者的积极性。

(4)草花消费水平偏低　目前,我国草花消费主体为政府、机关、事业单位采购,用于节假日花坛摆花以及广场、街道、公路、公园等绿化,总体还是以工程、租摆、花坛等用途为主的集团消费和节假日消费。而个人用于房间的装饰及庭院美化的消费量很少。与经济发达国家相比,我国年人均花卉消费水平相对较低,严重制约着我国花卉产业的发展。另一方面,草花多数使用单位对草花的品质要求普遍不高,一味追求低价格,使草花质量良莠不齐。这一方面不利于草花企业的有序发展和技术提升,更重要的是降低了草花在零售市场上的美誉度,使消费者形成了草花就是属于质低价廉的低档花卉的印象。

2. 发展对策

(1)**加大科技投入,加快自主新品种选育**　我国草花生产科技含量不高是生产效益低下的主要原因之一,这与我国花卉科技投入较少,专业研究人员缺乏,科研与生产脱节,缺乏自主知识产权新品种等问题密切相关。要提高我国草花科学研究、生产栽培水平,首先要进一步加大对草花产业研究的科技投入。

目前,国内草花育种还很薄弱,真正拥有自主知识产权的草花品种太少,特别是我国栽培应用多年的草花,如中国凤仙、翠菊、小菊、小丽花等没有得到重视,很多优秀的草花资源没有得到利用,而矮牵牛、三色堇、新几内亚凤仙等洋品种反倒成为国内草花市场的主流品种。因此,首先要加强野生花卉资源的开发利用,培育出自己的名优新品种,还要加强我国传统草花育种工作。传统草花在我国栽培历史悠久,适合我国气候条件,管理方法及栽培技术容易掌握。在育种方法上,要传统育种与现代生物技术相结合。引种问题上要避免重复和盲目引进,对引进的品种要不断改良,培育适合我国气候的优良品种,做到"洋为中用"。在重视育种工作的同时,还要注意做好新品种的保护和推广工作,结合我国花文化优势,进行大力宣传,增强其国内和国际市场的竞争力。总之,逐步减少进口,培育自主新品种是从根本上解决我国草花种苗供应问题的有效途径。

(2)**加大草花生产和销售的宏观调控**　加大对花卉业的宏观调控力度使生产者了解这一新兴产业的特点和发展趋势,要通过制定优惠政策和给予必要投入进行宏观调控,加强对花卉生产的宣传引导。首先要建立科技推广系统、信息咨询服务系统。利用先进手段建立一套迅速、有效的信息服务系统,收集、整理、提供各种花卉信息,使之成为制订管理规定、科研立项、确定和调整生产经营计划的依据,对指导和推动花卉业的健康发展是十分有利的,也是非常必要的。有关部门可以建立专业花卉网站、举办花卉信息专刊等,提供管理规定、质量标准、种子种苗供求、花卉产销、技术服务等的有关信息,加强市场信息沟通。在没有一个专业的组织机构协调的时候,更需要花农们团结起来,成立一个相对稳定、统一的组织,互通信息,形成一个较为稳定的市场环境,最终达到共赢的目的。另外,通过成立行业协会,加强行业管理,促进花卉业健康、稳定发展,营造大市场,促进大流通,尽快建立全国性的流通市场体系,提升市场形态,并以市场为导向逐步引导花卉业由零散的群众经营向产业化、市场化、科学化方向发展,促使花卉业实现产业化经营战略。完善对草花的服务体系,形成以科技为依托的草花生产经营体系,促进草花业健康、有序、快速发展,逐步建立和完善花卉产品质量监督体系,促进花卉产品质量的不断提高。

（3）**采取切实有效措施,积极引导花卉消费** 人均消费水平低、集团消费为主体的花卉消费现状,制约了我国花卉产业的发展。增加消费是推动产业发展的原动力,因此推动花卉产业发展,必须扩大花卉消费。随着我国经济的持续发展,居民收入将不断提高,我国居民花卉消费潜力十分巨大。为使潜在的消费得以实现,必须正确引导花卉消费。要进一步加强对花卉文化的宣传。要建立和完善便捷的花卉零售网点,激发人们的购买欲,促进花卉消费。同时要积极引导花卉的常年消费,以解决常年生产与季节消费之间的矛盾。随着时代的发展和科技的进步,大家对色、香、形等标新立异的花卉新品种的需求日益增强。因此,丰富多样的花卉品种才能给消费者提供较大的选择余地,满足不同消费者的需要,而且只有这样,才能培育个人消费习惯,奠定花卉产业的发展基础。

（4）**提高新品种保护意识,完善草花标准** 我国实行花卉新品种知识产权制度起步较晚。企业、育种者或科研机构对于新品种的保护意识普遍较差,导致培育优质产品的积极性不高。植物新品种保护制度作为一项新的知识产权制度在我国实施仅有10年时间,产权保护观念淡薄,直接导致许多科技成果的流失和被淘汰,从而丧失了知识产权花卉新品种。同样,知识产权保护不力,国外新品种的引进也会受到制约。加强对花卉新品种、新技术的知识产权保护,强化花卉新品种的保护意识,建立健全花卉新品种保护的法律法规,调动育种者和企业的积极性,提升企业科研实力,对于促进企业生产和销售也十分有利,也是我国花卉育种科技得以健康发展的重要举措。同时,我国还没有启动花卉质量管理体系,多数花卉种植者缺乏质量意识,管理者也疏于管理。导致在生产中,对生产技术及产品没有严格的技术要求,只要有需求,任何质量的产品都会流入市场。因此,制定和完善花卉产品质量标准,对加快我国草花产业的发展具有一定意义。

二、一二年生草花栽培设施及设备

一二年生草花栽培具反季节生产、周年供应等特点,需在一定的设施条件下进行保护地栽培,以满足人们对一二年生草花日益增长的需求。下面主要介绍一下常用的栽培设施:温室、塑料大棚以及一些相关设备。

（一）温室

温室是花卉栽培中最广泛的栽培设施,是以透明覆盖材料作为全部或部分材料,带有防寒、加温设备的特殊建筑。根据形状及材质等不同,在花卉栽培中有不同用途。

1. 温室的种类

（1）依建筑形式划分

1）单屋面温室　仅屋脊一侧为采光面,另一侧为墙体,又称为日光温室。构造简单,采光材料以玻璃或塑料薄膜为主。能最大限度地透过阳光,减少温室散热,保温性能好,抗风雪能力强,节约用地,成本低廉。缺点是夏季通风不良,光照不均。

2）双屋面温室　屋脊两侧均为采光面,一般采用南北走向、面向东西的两个相等的倾斜屋面,这种温室的屋顶均由玻璃覆盖。光照与通风良好,但保温性能差,适于温暖地区使用。

3）不等屋面温室　一般采用东西走向,坐北朝南,南北面有不等长的屋面,北面的屋面长度比南面的短,二者比例多为3∶4或2∶3。南面为玻璃面的温室,保温防寒,为最常用的一种。

4）连栋式温室　由相等的双屋面温室纵向连接起来,相互连通,可以连接搭建,形成室内串通的大型温室,温室屋顶呈均匀的弧形或三角形,见图2-1。现代化温室均为此类,适合花卉的大规模生

图2-1　连栋温室外观结构

产,利用率高。

(2)依覆盖材料划分

1)塑料薄膜温室　以各种塑料薄膜为覆盖材料,具造价低廉、保温效果好、重量轻、易施工等特点,既可用于日光温室也可用于连栋温室,世界各国广泛应用。包括单层膜温室和双层充气膜温室,前者透光性好,保温性差,后者透光率较低,保温性较好。塑料薄膜温室的缺点是材料会老化,使用寿命较短,需定期更换。

2)玻璃温室　以玻璃为主要覆盖透光材料,特点是透光性最好,采光面积大,光照均匀,适宜高需光性植物的种植,见图2-2。使用寿命长,具极强的防腐性、阻燃性,适合于多种地区和各种气候条件下使用。分为单层玻璃温室和双层中空玻璃温室。多选用透光性高的浮法平板玻璃,厚度为4毫米或5毫米。

图2-2　玻璃温室内部结构

3）硬质塑料板温室　多为大型连栋温室。主要材料有丙烯酸塑料板、聚碳酸酯板、聚酯纤维玻璃等，其中聚碳酸酯板是当前应用较多的材料。特点是结构轻盈，防结露，采光性与保温性好，抗冲击能力强。缺点是造价较高。

（3）依有无加温设施划分

1）不加温温室　即日光温室，只利用太阳辐射和夜间保温设备来维持室内温度，设施较简陋。

2）加温温室　有加温设备的温室，如利用烟道、热水、蒸汽、电热等人为加温的方法来提高室内温度。

2. 温室的调控设施

为使花卉能在一个适宜的环境内生长，并在规定时间内达到理想的生长状态，需要对温室环境进行调节，如夏季的遮光降温、冬季的加温保温等。

（1）保温　一般情况下温室会因覆盖材料、通风换气及冷风渗透等造成热量的大量损失，为提高温室的保温性能，减少热量排放。常常需要采取保温措施和覆盖安装保温设备等。

1）覆盖材料的选择及添加覆盖物　覆盖材料尽量选用导热系数小、透射率高的材料。还可在室外覆盖草毯、纸被、棉被或特制的温室保温被等，多用于塑料棚和单屋面温室，降温时覆盖，上午升温时打开。在温室地表添加覆盖物可减少土壤的蒸发量和作物的蒸腾量，多用锯木屑撒于土壤表面。

2）温室结构的设置　纯土墙体需达到一定厚度才能起到保温功能，如厚度低于50厘米只有隔热功能，达到100~150厘米，即能达到白天吸热、晚上放热的效果，如墙体采用中间空心夹层的砖墙结构的异质复合墙体，就能大幅减少热量的损失。热交换主要通过门窗的间隙进行，采用双层门窗来提高门窗的封闭度也可减少损失。

3）保温幕　早期国外大型温室内部采用保温帘，由两层薄膜封成管状，中间封入泡沫、空气等，组成天花板。目前，现代化的大型温室中一般在温室顶部及四周配备保温幕系统，人工或自动开启。保温幕多由吸湿性好的合成纤维无纺布制成。冬季严寒地区还可在四周主墙安装保温幕，可节约能源消耗。

（2）加温　常见的加温方式有烟道加温、散热管加温、热风加温及电器加温。

1）烟道加温　是最简单的加温方法，直接用火力加温。设备组成有炉、烟囱和烟道。北方小型土温室广泛采用此法。优点是成本低。缺点是温度不易调节，室内空气干燥，有烟尘等污染。

2）散热管加温　散热管安装于温室内，既可安装于地下、四周，也可安装于种植床下或空中，由锅炉集中供热，分为水暖（图2-3）和汽暖（图2-4）两种。

其中，水暖是中小型温室花卉生产常用的加温方式，优点是室内温度均匀，湿度较

图2-3　水暖加温管道

图2-4　汽暖加温管道

高,缺点是冷却后不易迅速回升;汽暖常用于现代化大型温室,优点是升温迅速,是热水输送热量的2倍,缺点是冷却快。

3)热风加温　由加热器、风机和送风管组成。将空气在暖风机内直接加温,通过送风管将热风送出。近年来,国内外都在推广使用此法加温。由于热源不同,热风加温系统的安装形式也不一样。优点是温度分布均匀,调节迅速,设备投资少,节能无污染。缺点是运行费用高,温度冷却快。

4)电器加温　多用于温室内局部加温。较常见的方式是将电热线埋在苗床或扦插床下面,还可设置电热管于水池的水体中,用以提高地温或水温,用于温室育苗。优点是温度均衡、清洁、管理方便。因电能较贵,只适用于局部加温。

温室采用哪种加温设施要从温室投资、运行成本、生产经济效益等综合因素考虑。

(3)降温　夏季高温对花卉生长不利,需采取降温措施。我国长江以南地区,温室主要功能就是夏季降温。常见的降温措施有通风、遮阴及蒸发降温。

1)通风　包括自然通风与强制通风,自然通风是靠开启天窗与侧窗来实现,让热空气从顶部及中间散出。日光温室则通过掀起部分塑料薄膜通风。强制通风是以排风扇作为换气的主要动力,一般采用风机(图2-5)与侧窗或湿帘(图2-6)配合两种形式。

2）遮阴 利用遮阴网减少进入温室内的太阳辐射，达到降温效果，避免强烈日照和过高的温度对植物造成损伤。常用的遮阴材料有黑色或灰色的聚乙烯薄膜编网。中大型温室一般都同时配有内外双重遮阴幕，多为铝条与其他透光材料混编而成，可遮挡并反射光线。

图2-5 风机

温室外遮阴，在温室顶部另外安装遮阴骨架，将遮阴网安装在骨架上。手动或电动控制其开闭，也可与计算机控制系统相连，实现全自动控制。

温室内遮阴，将遮阴网安装在温室内部的上层。一般采用电动控制。效果低于外遮阴，但冬季夜晚使用时，可将吸收的热能反射到地上，降低温室的热能散失。

3）蒸发降温 利用水蒸气吸热来降温，同时提高空气湿度，因要保证温

图2-6 湿帘

室内外空气流动，要与风机配合使用，利用风机向外排风使室内形成负压，从而使室外空气通过湿帘的同时水分子汽化吸收热量，从而达到降温目的。风机与湿帘降温系统由湿帘箱、循环水系统、风机及控制系统四部分组成。湿帘由蜂窝状结构的纸制成，吸水力强，多孔耐用。采用微雾系统也能降温，但整个系统比较复杂，设备成本高，环境湿度大，不如湿帘效果理想。

（4）**光照调节** 温室内要求光照充足且均匀，在必要时需遮光、补光。

1）遮光　原产于热带或亚热带的短日型花卉,让其于长日照时开花,需用遮光调节。常在温室外部或内部覆盖黑色塑料薄膜或黑色布帐,通过遮光缩短日照时间,现在遮光幕常使用一种一面白色反光一面黑色的双层结构布帐。

2）补光　补光的目的是为了延长光照时间,调节光周期以及增加光照强度,提高光合作用效率,促进植物生长发育,提高产量和品质。方法主要是用电光源补光。

用于温室补光的人工光源有白炽灯、卤钨灯、荧光灯、高压水银灯、金属卤化物灯、高压钠灯及反光板。其中白炽灯、高压钠灯及荧光灯较为常用,白炽灯看作是点光源,可以通过改变灯具间的安装距离来调节作物表面的光照度。荧光灯可看作线光源,光线较白炽灯均匀,用于温室种苗生产。除上述光源外,在温室北墙涂白或安装反光板将光线反射到温室内部,可有效地改善温室内的光照分布。

3. 温室内其他设备

（1）栽培床　主要用于穴盘育苗和盆栽作物,分固定式和移动式两种,苗床制作材料要有很好的防腐性能,骨架常用热镀锌型钢制作,床面用防腐处理的筛网或焊接平板网。一般为离地75～100厘米的高架苗床,便于操作人员管理,有利于通风透气和排水,减少病虫害的发生。固定苗床造价低,但空间利用率低,每一床中间留有一通道。移动式栽培床整个温室可只留一个或两个过道,节省了空间,见图2-7。

图2-7　移动式栽培床

（2）**灌溉与施肥系统**　温室内植物需要的水分完全靠人工灌溉措施来保证。现代化大型生产企业均采用灌溉施肥技术。借助新型微灌系统，在灌溉同时将肥料配对成各种比例的肥液一起注入农作物根部土壤。微灌系统由水源、首部枢纽、输配水管网、灌水器及流量压力控制部件和测量仪表组成。优点是按作物需求供水，节约水源，操作简便，灌溉流量小，灌溉均匀，改善作物根系环境，整个系统管道化，通过阀门调节，便于控制。在选择微灌设备时，要根据水源、水质、花卉种类、栽培方式等再结合温室的配置、投资成本等合理选配。

（3）**虫害防除设施**　为防止外界昆虫进入温室危害植物，一般在温室的顶窗和侧窗安设防虫网。防虫网一般为 20 ~ 30 目，幅宽 1 ~ 2 米，白色或银灰色。

（4）CO_2 **施肥系统**　CO_2 可促进植物生长发育，提高品质，还可增强对不良环境的抵抗力。温室内空气流通较少，CO_2 远远不能满足花卉生长发育的需求。在温室内配备 CO_2 发生器，结合 CO_2 浓度检测和反馈控制系统进行施肥。目前，此系统在蔬菜生产中应用较多，花卉生产中还不多见。

（二）塑料大棚及附属设备

塑料大棚是花卉栽培及养护的又一重要设施，没有砖石等围护结构，以竹、木、钢材等材料做骨架，表面全部采用塑料薄膜，用于透光，充分利用太阳能，有保温作用，可用来代替温床、冷床及低温温室。建造简单，气密性好，成本低廉，适合大面积生产。目前，在北方广泛用于一二年生草花春、夏、秋三季的生产和半耐寒花卉的越冬，长江以南地区可用于一些花卉的周年生产。

1. 塑料大棚的类型

通常是南北延长，主要由骨架和透明覆盖材料组成。根据骨架结构、屋顶形状、覆盖材料不同可分为以下几种：

（1）**根据骨架结构分**

1）竹木结构大棚　简易竹木结构大棚，立柱和拉杆使用硬杂木、毛竹竿等。这种结构的大棚，各地区不尽相同，但其主要参数和棚形基本一致，跨度 6 ~ 12 米、长 30 ~ 60 米、肩高 1 ~ 1.5 米、脊高 1.8 ~ 2.5 米。按棚宽（跨度）方向每 2 米设一立柱，立柱粗 6 ~ 8 厘米，顶端形成拱形，地下埋深 50 厘米，垫砖或绑横木，夯实。将竹片（竿），固定在立柱顶端成拱形，两端加横木埋入地下并夯实，拱架间距 1 米，并用纵拉杆连接，形成整体。拱架上覆盖薄膜，拉紧后膜的端头埋在四周的土里，拱架间用压膜线或 8 号铅丝、竹竿等压紧薄膜。其优点是取材方便，造价较低，建造容易。缺点是棚内柱子多，遮光率高、作业不方便，寿命短，抗风雪荷载性能差。这种大棚的特点是造价低，主要分布于小城镇及农村,用于春、秋、冬长季节栽培。

2)钢竹混合结构大棚 以毛竹为主,钢材为辅。其建造特点是将毛竹经特殊的蒸煮、烘烤、脱水、防腐、防蛀等一系列工艺精制处理后,使之坚韧度等性能达到与钢质相当的程度,作为人棚框架主休构架材料。对人棚内部的接合点、弯曲处则采用全钢片和钢钉联接铆合,由此将钢材的牢固、坚韧与竹质的柔韧、价廉等优点互补结合。

3)焊接钢结构大棚 这种钢结构大棚,拱架是用钢筋、钢管或两种结合焊接而成的平面桁架。上弦用16毫米钢筋或6分管,下弦用12毫米钢筋,纵拉杆用9~12毫米钢筋。跨度8~12米,脊高2.6~3米,长30~60米,拱眶1~1.2米。纵向各拱架间用拉杆或斜交式拉杆连接固定形成整体。拱架上覆盖薄膜,拉紧后用压膜线或8号铅丝压膜,两端固定在地锚上。这种结构的大棚,骨架坚固,无中柱,棚内空间大,透光性好,作业方便,是比较好的设施。

4)镀锌钢管装配式大棚 拱杆、纵向拉杆、端头立柱均为薄壁钢管,并用专用卡具连接形成整体,所有杆件和卡具均采用热镀锌防锈处理,并由工厂按定型设计生产出标准配件,运到现场安装而成,见图2-8。目前国内主要生产跨度6米、长30米,跨度8米、长42米,跨度10米、长66米等不同型号的装配式镀锌钢管大棚,其高度为2~3米,均为拱圆形大棚。棚体为南北延长,棚内无支柱。该棚结构合理,棚体坚固,抗风雪能力强,搬迁组装方便,操作方便,便于通风透光,应用年限长,但造价较高。

图2-8 镀锌钢管装配式大棚

(2)根据屋顶形状分

1)拱圆形大棚　我国普遍使用拱圆形大棚,多建在背风、向阳、管理方便、有排灌条件、地势高燥的沙壤地块。这种大棚的横断面呈拱圆形,或顶部为拱圆形,而两侧壁直立。面积可大可小,可单栋也可连栋,建造容易。这种棚具有结构简单、造价低、采光好等优点。小型的可用竹片做骨架,光滑无刺,易于弯曲造型,成本低。大型的常采用钢管骨架,用 6 ~ 12 毫米的圆钢制成各种形式骨架。在骨架上覆盖塑料薄膜,其上压一竹制压杆或压膜线,形成一座完整的拱圆形塑料大棚。

2)屋脊形大棚　采用木材或角钢为骨架的双层屋面塑料大棚,多为连栋式,具有屋面平直,压膜容易,开窗方便,通风良好,密闭性能好的特点,是周年利用的固定式大棚。

(3)根据覆盖材料分　覆盖棚膜多为树脂材料,树脂分为聚乙烯(PE)、聚氯乙烯(PVC)和乙烯 – 醋酸乙烯(EVA)三类,不同材料功能及用途各不相同。目前,在生产中常见的有下列几种:

1)聚乙烯普通棚膜　厚度 0.1 毫米,保温性、扩张力、延伸性、耐照性差,使用寿命半年左右。不适用于高温季节的覆盖栽培,可作早春提前和晚秋延后覆盖栽培,多用于大棚内的二层幕、裙膜或大棚内套小棚覆盖。膜内表面因内外温差凝结露滴降低棚内透光率,滴落在作物上引起病害。

2)聚乙烯长寿膜　克服了聚乙烯普通棚膜不耐高温日晒、不耐老化的缺点,可连续使用 2 年以上,成本低。厚度 0.1 ~ 0.12 毫米,幅宽折径 1 ~ 4 米,每亩用膜 100 ~ 120 千克。此膜应用面积大,适合周年覆盖栽培,但要注意减少膜面积尘,维持膜面清洁。

3)聚乙烯长寿无滴棚膜　在聚乙烯膜中加入防老化剂和无滴性表面活性剂,厚度 0.1 ~ 0.12 毫米,成本低,可使用 2 年以上。夜间棚温比其他材料高 1 ~ 2℃,无滴期为 3 ~ 4 个月,无滴期内能降低棚内空气湿度,减轻早春病虫害的发生,增强透光,适于各种棚型使用。

4)聚乙烯调光膜　以低密度聚乙烯树脂为原料,添加光转换剂后吹塑而成,有长寿、耐老化和透光率好等特点,厚度为 0.08 ~ 0.12 毫米,可使用 2 年以上,透光率 85% 以上,在弱光下增温效果不显著,主要用于喜温、喜光作物。

5)高保温无滴长寿膜　又称 EVA 多功能复合膜,在乙烯 – 醋酸乙烯原料中加入多种添加剂,使棚膜具有多种功能。有优异的夜间保温性能,夜间棚内最低温度可比其他材料高出 2℃ 以上,无滴持效期可达 4 ~ 6 个月。

2. 塑料大棚附属设备

(1)草被或草苫　用稻草纺织或机器加工而成,保温性能好,是配合塑料大棚使用的夜间覆盖及冬季保温材料。

(2)无纺布　具有防潮、透气、柔韧、质轻等特点,新型环保材料,无毒无刺激性气味。

有不同的密度和厚度,在花卉生产中可用于塑料大棚的保温、遮阳和育苗初期的保湿覆盖。

(3)**遮阳网** 又称遮光网,用于夏季的遮阳、挡雨、保湿、降温等,冬春季覆盖后还有一定的保温保湿作用。

(三)催芽室

催芽室又称发芽室,是环境可控的种子萌发室,温度、湿度及光照均可人工控制。在其内可完成种子处理、浸种、催芽作业流程。如用来进行大量种子的浸种后催芽,也可将播种后的苗盘放进催芽室,待胚根长出后及时挪出。

1. 催芽室特点及建造事项

(1)**特点** 催芽室空间小,比温室更容易控制环境、保持种子发芽的最佳条件,获得最高的种子发芽率和整齐度,确保了全年生产计划,相对降低了生产成本。缺点是建造催芽室成本高、生产流程中需要搬运穴盘、时间控制要求严,必须及时观察以便穴盘能及时从催芽室转移到温室,避免胚芽生长过长造成徒长。

(2)**建造事项**

1)棚顶形状 应设计成倾斜形的,避免凝结水滴直接滴落到穴盘上,在形成水滴之前就应将其疏导排除。

2)建造规模 要同时考虑年生长量、同一批次种苗生产规模、不同种类的催芽时间及温度设置等综合因素。

3)高度 应使穴盘架或穴盘车上部有足够的空间以便加湿气雾能顺畅流通,避免凝结在穴盘上。

4)位置 不要距离温室太远,以便冬季能缩短萌发的苗盘转移到生产温室时暴露在外的时间。

5)设备 催芽室还应具有良好的温、湿度调节系统和光照控制系统。

建造时要本着经济、实用、保温、增湿效果好的原则,育苗量少,可在温室内搭建简易的催芽室。

2. 催芽室设备配置

通常在室外安装智能控制系统,见图2-9。

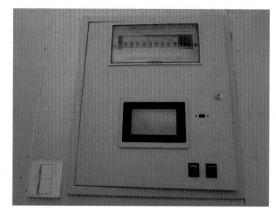

图2-9 智能控制系统

（1）**温度控制系统**　具备加温、降温功能。小型催芽室可采用空调来控制温度,大型催芽室可用热水管道系统来加温,用冷却器来降温,和温度控制器配合使用。大多数一二年生草花种子的发芽温度在20～25℃。催芽室加温设备见图2－10。

（2）**湿度控制系统**　在催芽室中穴盘不能采用手工浇水,否则会将种子冲出穴孔。在进入之前应浇灌适量的水,然后靠喷雾加湿,雾滴越细,湿度分布越均匀。小型催芽室,采用加湿器加湿。大型催芽室中必须使用喷雾系统,可用一套全自动雾控器与电眼来控制,包括喷雾控制器、红外探泵、水管控制装置、气管控制装置和喷雾头。该系统需要一个气压泵,需2.8千克/厘米的工作水压,工作时将压缩空气打入雾化喷头,通常10～15米安装一个。催芽室加湿设备见图2－11。

（3）**光照控制系统**　催芽室内依植物种类不同可加光,也可不加。如想用光照来补充热量或者延长作物在催芽室内的滞留时间以便更好地发芽,要使用低压荧光灯。灯管可水平安装在每层架的上方,均匀安装以便光照均匀。

（4）**育苗架**　如催芽室面积较小可采用固定式,如面积较大则选用移动式。为保证喷雾顺畅、互不挡光既操作方便又节约空间,育苗架之间的距离应保持在15厘米以上。育苗架的架长2.2米、宽1.1米、高1.8米,设两层以上的隔板,板间距75厘米,见图2－12。

种植者要掌握好作物在催芽室内

图2－10　催芽室加温设备

图2－11　催芽室加湿设备

图2－12　育苗架

的滞留时间,如果时间过长,幼苗会迅速生长,严重影响质量。时间过短即移出的话,会影响总出芽率和出芽整齐度。移出后,温室温度不宜过高,光照不宜过强,以便幼苗能适应环境转变。

(四)播种机

目前穴盘育苗播种机基本可分为针式播种机、滚筒式播种机和盘式(平板式)播种机三大类,其中针式播种机、滚筒式播种机在我国应用较多。

1. 针式播种机 (图2-13)

图2-13 针式播种机

(1)**工作原理** 工作时利用一排吸嘴从振动盘上吸附种子,当育苗盘到达播种机下面时,吸嘴将种子释放,种子经下落管和接收杯后落在育苗盘上进行播种,然后吸嘴自动重复上述动作进行连续播种。

(2)**性能特点** 适用范围最广的播种机,从秋海棠等极小的种子到百日草等大种子均可进行播种,播种精度高达99.9%(对干净、均匀的种子而言),播种速度可达2 400

行/小时,如128穴的穴盘最多每小时可播150盘。无级调速,能在各种穴盘、平盘或栽培钵中播种,并可进行每穴单粒、双粒或多粒形式的播种。

(3)**基本机型** 常用的针式播种机基本机型有气动牵引针式播种机、PLC控制针式播种机。两种播种机的播种范围和播种精度相同,但PLC控制的针式播种机播种速度和可扩展性更好。气动牵引针式播种机工作时,将填好土的育苗盘推入播种机下,播种机立即开始播种,并在气动牵引机的带动下,将播完种的育苗盘逐行推出,播种完毕,取下育苗盘,推入新的育苗盘进行下一循环的播种。采用气动牵引针式播种机无法与自动冲穴、自动灌溉、自动覆土等设备配套使用。PLC控制针式播种机工作时,在PLC控制器的操纵下,从一端连续放入育苗盘,由传送带自动输送到播种机下播种,然后从另一端脱离播种机。PLC控制针式播种机通常与自动冲穴、自动灌溉、自动覆土等设备配套使用。

2. 滚筒式播种机

(1)**工作原理** 工作时利用带有多排吸孔的滚筒,首先在滚筒内形成真空吸附种子,转动到育苗盘上方时滚筒内形成低压气流释放种子进行播种,接着滚筒内形成高压气流冲洗吸孔,然后滚筒内重新形成真空吸附种子,进入下一循环的播种。

(2)**性能特点** 适用于大中型育苗场的高效率精密播种,适用绝大部分花卉种子,播种精度可达99%(对干净、均匀的种子而言),播种速度高达18 000行/小时,如128穴的穴盘最多每小时可播1 100盘。无级调速,能在各种穴盘、平盘或栽培钵中播种,并可进行每穴单粒、双粒或多粒形式的播种。

3. 盘式(平板式)播种机

(1)**工作原理** 用带有吸孔的盘播种,首先在盘内形成真空吸附种子,再将盘整体转动到穴盘上方,并在盘内形成正压气流释放种子进行播种,然后盘回到吸种位置重新形成真空吸附种子,进入下一循环的播种。播种方式为间歇步进式整盘播种,播种速度很快。

(2)**性能特点** 播种速度很高,一般为1 000~2 000盘/小时,适应范围较广,适合绝大部分穴盘和种子。特殊种子和过大、过小种子的播种精度不高。不同规格的穴盘或种子需要配置附加播种盘、冲穴盘,费用较高,少量播种无法进行。

三、一二年生草花生产要素

（一）育苗基质

育苗基质支持着穴盘苗从种子萌发到幼苗移栽到成品苗出售的整个生长阶段,也是穴盘苗生产的重要因素,是一种材料或几种材料的混合。

1. 基质的配制要求

应经过快速发酵杀菌杀毒,达到不含活的病菌虫卵,尽量不含其他有害物质。

除具与土壤相似的功能外,还应有更好的保水性与透气性,及供植物生长所需的各种元素。配制基质时,应注意有机基质与无机基质的合理搭配,调节好基质的通气、水分和营养状况。具体从以下几点来看:

（1）**基质的化学稳定性**　配制好的轻基质,其化学性能应该是相对稳定的,因为不同种类育苗时间长短不同,要保证基质的化学性质在育苗过程中不发生明显变化。基质的化学性能稳定也保证了基质的其他性能稳定,这样在育苗过程中就可以人为有效、准确地控制苗木的生长,以达到既定的育苗目的。因此,在基质配制时要依据这一基本要求,选取基质的成分确定各种成分的比例。

（2）**基质的粒度**　配制好的基质要有良好的气相、液相、固相结构,即基质疏松、透气、不板结。当水分多时,基质有良好的渗透性和透气性,且具有一定的储水、保肥能力。基质的这种物理性能主要由物质的粒度大小配比形成的。比如不含土壤的河沙,当粒度小到一定程度时连水都渗不下去,因为表面积太大了。为使基质保持良好的三相结构,基质中各种成分要有不同的粒度及比例。

（3）**基质的酸碱度**　即基质的pH,不同的植物对容器基质的要求也不同,但是通常情况下都选择pH为5.5～6.5的基质。pH是决定养分吸收的一个主要因素。

（4）**基质的可溶性盐含量**　反映基质中原来带有的可溶性盐分的多少,决定根系周围的盐浓度,这个浓度可用单位克/升或电导率(EC)来表示,不要使用可溶性盐含量高的基质成分。因为基质局限于一定体积的容器中,所以溶解的肥料中的离子和灌溉用水中的离子会聚集起来,使基质溶液中的可溶性盐含量达到一个很高的值。因此,基质、肥料、灌溉用水都应该选择可溶性盐含量最低的。此外,应该定期监测基质溶液中可溶性盐的含量。

（5）**基质成分的多样性** 目的在于各成分之间性能互补。在基质配制过程中,要避免基质成分的过分单一。比如基质与水的互相浸润程度是一项重要指标,有一些轻基质与水不容易浸润,配制时要注意基质成分互相搭配。

（6）**基质的肥力** 以农林废弃物为主要成分的轻基质,经过发酵处理、半灰化处理及水淋,营养物质,尤其是溶于水的营养物质严重损失,基质已经不能为植物苗期生长提供有效的营养。因此,轻基质肥料必须专门配制和供给。肥料应该根据植物不同生长过程的需要定期施入,速效肥料不能一开始就大量放入基质里,否则会因肥料太多烧苗。速效肥料最好通过喷液方法定期施用,通过试验确定施肥数量和施肥间隔时间。

目前生产上有一种缓释肥,可以一次性施入,提供苗期一年的需求。可以在基质生产配制过程中将缓释肥料添加到基质中。

2. 基质的分类

（1）**按基质的成分分**

1）有机基质 以有机残体为主要组成成分。如树皮、泥炭、椰糠、蔗渣、秸秆、稻渣等。

2）无机基质 以无机物或不可分解的基质为主要组成成分。如蛭石、珍珠岩、石砾、岩棉等。

（2）**按基质来源分**

1）天然基质 基质成分为天然原料。如石砾等。

2）人工合成基质 经过人为加工的基质。如蛭石、泥炭、珍珠岩。

（3）**按基质活性分**

1）惰性基质 指基质本身无营养成分,不具有阳离子代换能力的基质。如珍珠岩、石砾。

2）活性基质 指供给植物养分,具阳离子代换量的基质。如泥炭、蛭石。

（4）**按基质的组成种类分**

1）单一基质 基质的组成成分只有一种。

2）混合基质 由两种或两种以上的基质按比例混合制成的基质。在实际生产中多为混合基质,为植物生长创造适宜的生长环境及营养条件。

实际生产中,基质中常用的材料有泥炭、珍珠岩、蛭石和石灰土,一些生产者还添加了树皮堆肥,若混合得好,效果也很理想。穴盘苗的基质一般都掺有大量的苔藓泥炭、10%左右中等粗度的蛭石和15%～20%的珍珠岩。对于草花生产来说,我们也可以用类似的配方,不同的是掺加的珍珠岩和泥炭更为粗糙些,而不要将其磨碎,这样做的目的是增加基质中的孔隙度。

3. 基质的特性

基质对水和矿物质的吸收是由基质颗粒间空隙大小决定的,合理的生长基质应使储水量和气体流通达到平衡。

(1)物理特性

1)保水力(WHC)　是基质的持水能力,指基质抵抗重力所能吸持的最大水量。有的基质吸水能力强,释放水的能力也很强,如岩棉。WHC值越高的基质浇水量就越小。一般来看,所用的材料越细小,持水性越强。但粒径过小,又会造成通气不良。

2)容重　指单位体积干燥基质的重量,反映基质的疏松、紧密程度。优良的基质应具备适当的容重。容重太大,基质过于紧实,透气、透水性差,也不易于搬运。容重太小,基质过轻,失去支撑作用,不利于植物生长发育。一般容重大小应在0.1~0.8克/厘米较好。

3)孔隙度(AP)　反应基质孔隙状况,通气能力,持水孔隙与通气孔隙的总和称为总孔隙度。通常好的无土基质在15厘米盆里应有15%~20%的孔隙度,基质的通气能力为零的时候,植物会生长不良,甚至窒息死亡。对于穴盘苗来说,基质中的水分过于饱和,24~48小时后种子就会开始恶化。通常情况应保证通气孔隙度在10%~20%,有效含水量不少于20%。

(2)化学性质

1)稳定性　指基质发生化学变化的难易程度。好的栽培基质应有良好的稳定性,不易发生化学变化,避免或减少对营养液的干扰,不产生有毒物质。其中无机矿物基质稳定性最强,有机基质成分复杂易产生化学变化。

2)酸碱度　即pH,基质pH影响土壤溶液中各种离子的浓度,影响植物对必需元素的吸收。酸性条件下,铁、锰和铝的有效性提高,植物吸收过量可能产生毒害,而磷酸根易流失或与镁或铝结合,植物不易吸收,而产生缺磷、缺镁症。碱性条件下,铁、锰、硼、铜、锌有效性降低,多数穴盘苗所适应的基质pH范围应为5.5~6.5,泥炭的pH低于4,沙子与珍珠岩为中性(pH 7左右),蛭石为碱性(pH大于7)。若自行配制基质一定要调整测定好pH,使植物在适宜的pH范围内生长。常见园林花卉种类的推荐pH见表3-1。

表3-1　常见园林花卉种类的推荐pH

(引自《中国花卉报》　总第2308期)

花卉种类	推荐pH	花卉种类	推荐pH
马鞭草	6~7	黄水仙	6~7.5
一品红	6~7	大丽花	6.5~7
报春	5~6	萱草	6~8
庭芥	6.5~7	东方百合	6~7.5

花卉种类	推荐 pH	花卉种类	推荐 pH
满天星	6.5~7	紫茉莉	6~7.5
凤仙花	6.5~7	毛地黄	6.5~7
秋海棠	5.5~7.5	天竺葵	6~8
花叶芋	6~7	唐菖蒲	6.5~7
屈曲花	6.5~7	蜀葵	6~8
美人蕉	6~7	鸢尾	6.5~7
香石竹	6.5~7	飞燕草	6.5~7
菊花	6~8	羽扇豆	6.5~7
紫苏	6.5~7	万寿菊	6~7.5
矢车菊	6.5~7	金莲花	6.5~7
波斯菊	6.5~7	水仙花	6~7.5
香豌豆	6.5~7	三色堇	5~6
美国石竹	6.5~7	长春花	6.5~7
晚香玉	6~7	矮牵牛	6.5~7
郁金香	6.5~7	福禄考	5~6
美女樱	6~8	罂粟花	6.5~7
百日草	5.5~7.5	一串红	6~7
八仙花(显蓝色)	4.5~5	滨菊	6~8
八仙花(显粉色)	6~7	金鱼草	6~7.5

为了提高基质的 pH,可用含有硝酸钙或高碱度的水进行灌溉,为了降低 pH,可施用含铵根离子或尿素的酸性化肥。大多数穴盘苗基质的适宜 pH 为 5.8,在整个作物生长期能始终保持在 5.8 左右,这样的 pH 是理想的,但有些作物如天竺葵、万寿菊、凤仙花等则需要较高的 pH,为 6~6.5。

3)电导率(EC) 指单位溶液内所有可溶性盐离子的总量。基质的电导率指基质内已经电离盐类的溶液浓度,反映基质中原有可溶性盐类的含量,单位为毫西/厘米。EC 越高,表面可溶性盐离子的浓度就越大,这样有可能形成反渗透压,将植物根系中的水分置换出来,损伤根尖,降低吸收水分和营养的能力,导致出现萎蔫、黄化、植株矮小或组织坏死症状。若 EC 超过 1.5,表明介质已盐化,需用清水加以淋洗。植物施肥前应对肥料溶液中可溶性盐离子的浓度进行检测。不同植物施肥的 EC 有差别,同种植物不同阶段,施肥的 EC 也有差别。基质的电导率和硝态氮之间存在相关性,可由电导率来推算基质中氮素含量,判断是否需施氮肥,EC 小于 0.5 毫西/厘米时,必须施肥。

4）阳离子交换量（CEC）　指基质胶体吸附的各种阳离子的总量，以每千克基质所含有的全部交换性阳离子的厘摩尔数（mol/kg）表示。基质的颗粒一般带负电荷。肥料养分分解后形成阴离子和阳离子。阳离子被负电荷的基质颗粒所吸附，以抗淋洗。阴离子因不能被带负电荷的颗粒所吸附，易受淋洗。常作为评价基质保肥能力的指标，是基质缓冲性能的主要来源，是改良基质和合理施肥的重要依据，它反映基质的负电荷总量和表征基质的化学性质。

基质 CEC 高，表示其有较强的养分保持能力，缓冲能力强，能减少施肥过量的风险。但过高时，养分淋洗困难，会对植物造成伤害；同时 CEC 高，种植者就不能精准施肥，无法准确控制植物生长。基质 CEC 值低时，养分不足，影响植物生长，应及时施肥；但 CEC 值低也使种植者在植物营养控制上有更大的弹性。泥炭的 CEC 较高为 80～140 厘摩尔/千克，蛭石为 70～80 厘摩尔/千克。无机基质中含量几乎为零。

4. 常用基质简介 （图 3 - 1）

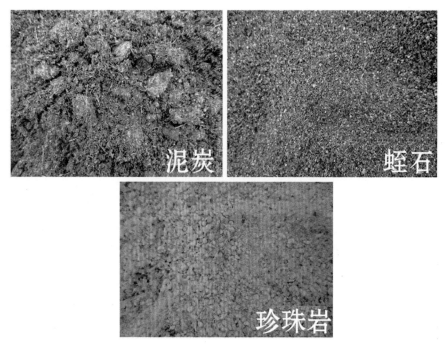

图 3 - 1　常用基质

（1）**泥炭**　又称为草炭或泥煤，是古代低温、湿地的植物遗体，被埋在地下、经数千年的堆积，在低温、少雨、空气稀薄的条件下，植物残体分解不完全所形成的特殊产物。我国北方分布较多。形成泥炭的主要植物有泥炭藓、冰藓、苔草和其他水生植物。泥炭具有保水、透气、承载及改良土壤的作用。泥炭含有丰富的腐殖酸，是纯天然的有机物，无毒无菌。具有其他材料不可替代的作用，在我国及世界园艺界广泛应用。根据地理条件、植物种类和分解程度,分为低位、中位和高位三大类。

1)低位泥炭 以苔草属、芦苇属植物为主,分解程度较高。氮和灰分元素含量较多,酸性不强,肥分有效性较高,容重大,吸水透气性差。

2)中位泥炭 过渡性草炭,性状介于二者之间。

3)高位泥炭 以羊胡子草、水藓属植物为主,分解程度较低。氮和灰分元素含量少,酸性强,pH 4～5,容重小,吸水透气性好。

目前,生产中把泥炭分为进口泥炭与国产泥炭。国产泥炭主要是东北泥炭,以莎草或芦苇为主,价格较低。进口泥炭以藓类植物为主,价格昂贵。国外的泥炭生产大公司主要有德国的克拉斯母,加拿大的发发得,美国的阳光、伯爵等,与国产泥炭相比,进口泥炭一般经过了消毒,添加了吸水剂与缓释的启动肥料,可直接用于生产。

(2)**蛭石** 一种天然无毒的矿物质,为层状结构,含镁的水铝硅酸盐次生变质矿物。由黑云母经热液蚀变或风化形成。把蛭石加热到300℃时,它会膨胀20倍发生弯曲,很像水蛭,由此得名蛭石。按颜色可分为金黄色蛭石、银色蛭石、乳白色蛭石。生蛭石经过高温焙烧后,成为膨胀蛭石,为农业生产所用。富含氮、磷、钾、铝、镁、硅酸盐等成分,有较高的层电荷数,故具有较高的阳离子交换量和较强的阳离子交换吸附能力,质轻,水肥吸附性好,不腐烂可使用3～5年。

在园艺栽培中蛭石可用作土壤改良剂,由于具有良好的阳离子交换性和吸附性,可改善土壤结构,储水保墒,提高土壤的透气性和含水性,使酸性土壤变为中性土壤。蛭石还可起到缓冲作用,阻碍pH的迅速变化,使肥料在作物生长介质中缓慢释放,且允许稍过量地使用肥料而对植物没有危害。蛭石还可向作物提供自身含有的钾、镁、钙、铁及微量的锰、铜、锌等元素。

(3)**珍珠岩** 由一种含铝硅酸盐的火山岩颗粒加热到700～1 000℃时,膨胀而形成的直径为1.5～3毫米的疏松颗粒体。优点是易排水,通透性好。容重80～130千克/米³,孔隙度约为93%,空气容重约为53%,持水容积约为40%。可容纳自身重量3～4倍的水,易于排气透水,理化性质稳定。珍珠岩没有吸收性能,pH 7～7.5。成分主要有二氧化硅,其次为氧化铝、氧化钠、氧化钙、氧化钾、氧化铁等,多为植物不能吸收利用的形态。在使用时粉尘污染较大,使用前应用水喷施。混于其他几种基质中,浇水过多时会浮在基质表面。

(4)**基质的配制方法** 先倒入泥炭,将其润湿,使含水量达到50%～70%,可减少灰尘,有利于基质浇水,然后分层放入其他成分。基质搅拌时间不宜过长,可能会改变颗粒大小,影响透气性。如机器搅拌,3～5分即可。填充前还要将较大的基质颗粒筛掉。将手指轻轻摁在穴盘的基质中,如果基质下降的高度超过了一半,就证明所用的基质太过疏松,需要加入更多精细的材料。判断基质中水分含量的方法是,用手抓一把基质握紧,指缝不滴水,手松开后基质不散开或稍有裂缝,此时的水分正合适。若握紧时指缝滴水,说明基质中水分过多,这样的基质是不适合进行穴盘育苗的。在花卉生产栽培中,常用的基质主要有泥炭、蛭石与珍珠岩。通过三者或二者之间的配比,调整好基质的物理性状及化学指标,还应根据花卉种类的不同,做好相应的调配,达到种苗生产的要求。

(二)穴盘

穴盘苗生产就是利用穴盘的独特形式,将种子播种于穴孔中来培育种苗。穴盘苗特点是:省工省力,机械化生产效率高;成本低,便于规范化管理;方便长距离运输,适合机械化移栽。

1. 穴盘的种类

(1)**按材质分**　育苗穴盘按材质不同分为塑料穴盘和聚苯泡沫穴盘。塑料盘又分为聚苯乙烯(PS)、聚氯乙烯及聚丙烯(PVC)穴盘,称为美式盘。聚苯泡沫盘又称为欧式盘。目前,花卉生产中应用比较广泛的是塑料穴盘,由于聚氯乙烯中的氯可能对花卉产生毒害作用,所以聚氯乙烯穴盘不太常用。聚苯乙烯柔韧性好,又耐高温,实用性最高。

(2)**按颜色分**　穴盘的颜色主要有白色、灰色及黑色。聚苯泡沫盘多为白色,反光性好,可减少夏季高温对小苗根部伤害。塑料穴盘分为白色、灰色及黑色,其中黑色应用较多,喜光性好,有利于种苗根部的生长发育,冬季、春季使用,夏季尽量使用白色或灰色穴盘。

(3)**按穴孔形状分**　按穴孔的形状分为方形、圆形、六边形、八边形等。应用较多的为方形,同样孔径下,方形穴孔基质含量较圆形穴孔多出 30% 左右,但方形孔因存在棱角,根系易从底部伸出。圆形孔在这方面明显好于方形孔,在选择穴盘时要综合考虑。

(4)**按穴孔数量分**　根据穴盘的穴孔数不同,塑料穴盘可分为 18、32、50、72、128、200、288、648、800 等,聚苯泡沫盘分 200、242、338 等,见图 3-2。草花生产中最常用的为 128、200、288 三种,穴盘外围大小为 54 厘米 ×28 厘米。凤仙花、矮牵牛、三色堇、鸡冠花等种子较小的花卉可选用 200 穴,万寿菊、一串红等可选用 200 穴或 128 穴。在实际生产中,可根据需要与厂商联系自行定制穴盘种类及规格。

图 3-2　不同规格的穴盘

(5)**按穴孔深度分** 按穴孔的深度,分长筒穴孔和短筒穴孔,深度长于 5 厘米的为长孔,低于 5 厘米的为短孔。目前市场上可供选择的穴盘深度在 3~5 厘米。适宜范围内,穴盘越深,进入的氧气量越大,越利于植株根系的伸展和对水分的吸收。有的穴孔之间有通风孔,利于穴盘中间部位植株的通风,适合夏季使用。

2. 穴盘的消毒

穴盘的使用次数最好不要超过 3 次,否则会产生断裂。不仅会造成麻烦,浪费时间,而且增加损失。对于根部易感病的植物,如长春花、三色堇和矮牵牛要尽量使用新穴盘防止感染。对藻类敏感的植物也要避免使用旧穴盘。

旧穴盘再次使用前要经过彻底消毒,常用 1:(50~100) 倍福尔马林水溶液或多菌灵800~1 000 倍液洗刷。还可用季铵盐类浸泡 15~20 分,之后用清水冲洗。因有的穴盘材料会因吸收氯而产生有毒物质,影响种苗生长发育,所以要避免使用含氯或漂白粉的溶液浸泡。

(三)水质

水是种苗生产中最重要的因素。种子内的酶只有在水的作用下才能发挥活性。除植物体正常生长发育所需的水分外,水质的好坏也会影响根、叶对营养元素的吸收,进而影响植物的健康。水质因水源不同有很大差异,井水中可能含有较高的硝态氮、铁,自来水中含钠、氯、氟等。环境变化也会引起水质变化,尽量适时检测水的 pH、碱度、EC、钠的吸收率等指标。穴盘苗生产的水质标准见表 3-2。

表 3-2 穴盘苗生产的水质标准

名称	数值	名称	数值
pH	5.5~6.5	氯	<80 毫克/千克
碱度(碳酸钙含量)	60~80 毫克/升	硫酸根	24~240 毫克/千克
电导率(EC)	<1 毫西/厘米	硼	<0.5 毫克/千克
钠的吸收率	<2	氟	<1 毫克/千克
硝酸根	<5 毫克/千克	铁	<5 毫克/千克
磷	<5 毫克/千克	锰	<2 毫克/千克
钾	<10 毫克/千克	锌	<5 毫克/千克
钙	40~120 毫克/千克	铜	<0.2 毫克/千克
镁	6~25 毫克/千克	钼	<0.02 毫克/千克
钠	<40 毫克/千克		

1. 水质的指标

(1) **水的酸碱度** 即水的 pH。用氢离子浓度的负对数表示。生产使用水的 pH 范围应在 5~6.5。大部分草花品种生产中要求水的 pH 为 5.5~6.2，多数化学元素及化学物如生长调节剂、杀菌剂、杀虫剂，在此酸碱度下是可溶的。pH 低时，镁、铝等易形成沉淀。pH 高时，铁、锰等易形成沉淀。

(2) **碱度** 指水能够中和酸的能力，即缓冲力。碱度由溶解的碳酸氢盐（HCO_3^-）、碳酸盐（CO_3^{2-}）和氢氧化物（OH^-）的总量决定，单位为毫克/千克。水的 pH 并不直接影响生长基质的 pH，但水的碱度则直接影响生长基质的 pH 和植物营养吸收。碱度水平越高，基质 pH 上升越高，高于 6.5 时，作物对大多数微量元素如铁、硼的吸收就会降低，碱度过低时，缓冲能力低，如果水中钙、镁、钠较低表明碱度低。地下水碱度较高，雨水碱度偏低，适合花卉穴盘苗生产的水的碱度前期为 60~80 毫克/千克，后期为 120~200 毫克/千克。

(3) **EC** 即水的电导率，单位体积内所有可溶性盐离子的总量，单位用毫西/厘米表示。可溶性盐类是水质的重要组成部分，地位仅次于碱度。在不含肥料条件下，生产中使用的灌溉水的 EC 应小于 1 毫西/厘米，草花生产中应低于 0.75 毫西/厘米。EC 高，可能会形成反渗透压，将根系中的水分置换出来，使根尖变褐或干枯，也会增加根腐病的发生概率。

(4) **钠的吸收比率（SAR）** 它可以估计长期施用某种水分对基质通透性所造成的潜在影响。

$$SAR = \frac{[Na]}{\sqrt{\dfrac{[Ca] + [Mg]}{2}}}$$

公式中钠（Na）、钙（Ca）、镁（Mg）的值用厘摩尔数表示。当这些元素的浓度为毫克/千克时，需将钠的浓度数值除以 23，钙的值除以 20，镁的值除以 12.15。因钙、镁与钠存在竞争关系，若 SAR 值小于 2，Na 小于 40 毫克/千克，说明基质中各离子浓度处于正常水平，不会引起板结现象。高钠会导致基质板结，滞留水分、空气减少，降低根的活性。若 Na 大于 40 毫克/千克，SAR 值小于 4，可向基质中添加石灰、石膏及硫酸镁来提高钙、镁离子含量。

(5) **其他营养成分** 当水中钠、氯、硼及硫酸根离子含量高时，对植物生长不利。硼含量高于 0.5 毫克/千克时，会产生毒害作用。氯含量高于 80 毫克/千克时，会造成根尖灼伤、腐烂。铁含量过高，易使叶片失绿。国外在此方面研究较多，明确了理想水质中各成分含量要求。

2. 水质的调整

当水中一种或几种指标不符合要求时，可通过有效措施进行调节。主要措施有：加入化肥、加酸或加碱、更换水源、逆向渗透等。

（1）**施肥调整** 当水的碱度在100~200毫克/升时，可使用一些水溶性的酸性肥料来调节，通常含有铵态氮或尿素的肥料，可使基质的pH和碱度降低，如常用的有硫酸铵、20-10-20、20-20-20(三组数字依次代表肥料氮、磷、钾的含量，下同)等。当水的碱度低于50毫克/升，可使用含钙、镁或硝酸根离子的碱性水溶性肥料调节，升高碱度，常用的有硝酸镁等。但肥料中含硝酸钙易升高基质的pH，使用时要注意。

（2）**加酸** 碱度在350~400毫克/升时，需要加无机酸或有机酸来调节降低碱度。常见无机酸有磷酸、硫酸和硝酸。硫酸具强腐蚀性，使用浓度超过0.109毫升/升会束缚钙的吸收。硝酸腐蚀性最强，虽能提供氮，不会在叶面上留下残留物，但若水中钙、镁含量低时会导致植物缺铁。其中磷酸腐蚀性最小最为常用，使用浓度为75%~85%。有机酸使用较为安全，但酸性弱，用量大。

（3）**更换水源** 当水中多项指标均达不到合理要求时，需考虑更换水源。

（4）**逆向渗透** 在现有水源的pH、碱度、EC、钠、金属离子等多项指标不合格，又没有办法更换水源的情况下，可采用逆向渗透或反渗透过滤法提高水质。其原理是采用一个半透膜装置在压力作用下，将可溶性盐类和有机物从水中分离出去，但不能去除高含量硼。

温室常用的反渗透系统主要由水的前处理系统、反渗透系统和储水罐三部分组成。水的前处理系统主要完成杀菌、降低pH、中和碱度，去除钙、镁、铁及其他悬浮物。储水罐收集的洁净水，经加压在温室使用。

（四）肥料

维持一二年生草花生长发育所需的大部分营养元素均需要肥料的供给，因此在生产中需要了解肥料的相关知识，进行合理的施肥。

1. 一二年生草花所需的营养成分及其生理作用

一二年生草花生长发育中不可缺少的营养元素主要有氮、磷、钾、钙、镁、硫等大量元素和铁、锰、硼、锌、铜、钼等微量元素。每种元素都有各自作用，过多及缺乏的情况下都会引起植物的不同症状。

（1）**氮** 一般聚集在幼嫩的部位及种子，用来合成氨基酸、蛋白质、酶及叶绿素。氮在肥料中以硝态氮、铵态氮和尿素三种形式存在。硝态氮容易被根吸收，在体内移动性较强，不会对植物产生毒害，在植物体内需将硝态氮转化成铵态氮被应用。根系通常需在细菌作用下将铵态氮转化成硝态氮后吸收。如温度低于15℃，pH低于5.5时，铵态氮不能及时转化，会发生铵中毒现象，北方冬季较常见。因此，为避免此现象发生，要保证土壤温度超过18℃,土壤pH高于5.5。当氮素供应充足时,植物茎叶繁茂、叶色深绿。氮素不足时,植株矮小,下部叶片失绿变黄。

当氮素缺乏时,鸡冠花、彩叶草、秋海棠常形成淡红色或粉色色素,而不是正常的深红或铜色。万寿菊下部叶片会出现反常的红斑。矮牵牛·老叶边缘失绿,边缘上卷。易发生铵中毒的草花有彩叶草、波斯菊、天竺葵、矮牵牛、一串红及百日草。

(2)**磷** 参与植物体内一系列新陈代谢过程,如光合作用、碳水化合物的合成、分解及转运。对根系的发育、枝条的生长及开花质量都有很大的促进作用。因能促进体内可溶性糖类的贮存,故可增强植物的抗旱、抗寒能力。在土温低于13℃,pH高于6.5的情况下,根系对磷的吸收大大降低。

磷缺乏时,植物下部叶片叶色发暗呈紫红色,开花迟。也有植物表现为老叶变黄,接着干枯。万寿菊老叶边缘的叶片会产生红色素。

(3)**钾** 通常分布在芽、幼叶、根尖等,以离子态存在,在体内移动性大。对细胞的伸长、蛋白质的合成、酶激活及光合作用都非常重要。可将蔗糖送到韧皮部,把光合作用产物从叶送到花、果实、种子及根部。钾充足时,能促进光合作用,促进植物对氮、磷的吸收,叶茂根壮,不易倒伏。缺钾时,老叶边缘或尖端失绿,茎干细瘦,根系生长受到抑制。缺钾植物对霜冻或霉菌侵染更为敏感。

缺钾时,彩叶草、秋海棠和鸡冠花等深色花卉症状与缺氮相似,都会出现浅红色斑。万寿菊和一串红的下部叶片边缘现橘红色斑,万寿菊还容易出现叶柄短,下部叶片卷曲的症状。

(4)**钙** 主要参与细胞壁的合成,对细胞膜的稳定、细胞分裂和伸长有重要作用,可提高对细菌和霉菌的抗性。以果胶钙形态存在,易被固定,不能转移和再度利用。通过根系对水分的吸收进入植物体内。植物对钙的吸收除了受环境影响外,还与pH及其他阳离子浓度有关。pH小于5.5时,植物对钙的吸收会降低;pH大于6.5时,会导致吸收过度,抑制对镁和硼的吸收。

缺钙时,受害部位首先表现在新叶、幼叶卷曲,叶尖黏化,叶缘发黄。严重时,根尖细胞腐烂,植株枯萎。一品红、矮牵牛、三色堇及万寿菊易发生缺钙症状。

(5)**镁** 是光合作用所需叶绿素分子的组成成分,又是许多酶的活化剂,有利于碳水化合物的代谢和呼吸,是一切植物所不能缺少的。含蛭石的基质中通常有足量的镁,镁的含量高时会抑制钙的吸收,二者比例应控制在1:2。

缺镁时,首先表现在植物基部,老叶叶片变黄或在叶脉间发生失绿症。叶缘向上或向下卷曲,叶面皱缩,早期出现落叶。

(6)**硫** 是构成蛋白质不可缺少的成分,主要以硫酸盐的形式存在,植物对硫的需求量跟磷一样多。氮和硫之间存在着一种平衡关系,若硫不足,植物将不能有效利用氮和其他成分,硫和氮比例应保证在1:10。硫在体内流动性不大。

缺硫时,症状先从新叶上开始,叶子通常开始为浅绿色或未成熟叶子变黄,叶缘下卷,有红色或紫色斑,生长缓慢。天竺葵、一品红易患缺硫症。

（7）**铁** 是植物微量元素中非常重要的元素,在光合作用中有着特别重要的作用。pH 5.5~6,铁易被吸收,铁在植物体中的流动性很小,不能再度利用。

缺铁时,幼叶的脉间失绿,严重时变黄或枯化。根的生长也会受到限制。

（8）**锰** 是叶绿素的结构成分,参与光合作用、水的光解。是多种酶的活化剂,还参与细胞的伸长并增强植物对易感病原体的抗性。在体内移动性很小,不能再度利用,与其他二价阳离子有竞争。锰、铁比例为1:2时最好。

缺锰时,幼叶叶间失绿,严重时叶脉间发展成浅棕色的随机分布的小块斑点,由此现象可与缺铁区分开来。由于根的生长受到抑制,导致生长缓慢。

（9）**硼** 不是植物体内的结构成分,但能促进碳水化合物的正常运转,促进生殖器官的正常发育,对植物的授粉、坐果和种子的发育十分重要。在体内移动性小,不能再度利用。

缺硼症状多表现在植物生长初期,早期叶子为深绿色,较厚似革质,进而表现为叶片向下卷曲似萎蔫状,幼叶变黄,出现铁锈色或橘黄色斑点,叶子逐渐卷曲并出现皱褶,节间缩短,末端嫩枝发育不全,导致茎段丛生。三色堇及矮牵牛在夏季,浇水多施肥少的情况下易患此病。

（10）**锌** 是许多酶的组成成分,能促进植物体内生长素的合成,又具保护细胞膜的作用。高水平的磷对锌产生竞争,高水平的锌对锰与铁产生竞争。锌在体内移动性小,不能再度利用。

缺锌时,新叶卷曲,灰白色或黄白色,叶小呈簇状,叶、花逐渐脱落。康乃馨、长寿花易患此病。

（11）**铜** 参与植物呼吸作用与光合作用,是植物体内多种氧化酶的组成成分。叶绿体中含量较多,与叶绿素形成有关,还能提高其稳定性,避免叶绿素过早遭受破坏。pH小于5.5时,铜很容易被吸收,会对植物产生毒害。高水平的氮、磷会与铜相互作用。

缺铜时,新叶叶脉间失绿,与缺铁不同的是,叶子尖端仍然是绿色,严重时,叶片边缘坏死,叶片极小,且有灼伤。缺铜现象不太常见。

（12）**钼** 促进光合作用,消除铝在植物体内累积而产生的毒害作用,是蛋白质合成与氮代谢中不可缺少的。

缺钼时,植株矮小,生长缓慢,叶片失绿枯萎或坏死。穴盘苗生产中很少出现此病。

2. 花卉生产中常用的几种肥料的特性

目前花卉生产中常用的化学肥料见表3-3。下面简单介绍一下尿素、普通复合肥、水溶性全元素速效复合肥及缓释肥的特性。

表 3 – 3　常用化学肥料

名称	N – P – K 含量	基质中 pH 反应
硝酸铵	33 – 0 – 0	酸性
硝酸钾	13 – 0 – 44	中性
硝酸钙	15.5 – 0 – 0	碱性
硝酸钠	16 – 0 – 0	碱性
硝酸镁	11 – 0 – 0	中性
硫酸铵	21 – 0 – 0	酸性
尿素	45 – 0 – 0	轻酸性
磷酸一铵	12 – 62 – 0	酸性
磷酸二铵	21 – 53 – 0	轻酸性
硫酸钾	0 – 0 – 53	中性
氯化钾	0 – 0 – 60	中性
磷酸氢一钾	0 – 53 – 34	碱性
磷酸氢二钾	0 – 41 – 54	碱性
硫酸镁	—	中性

（1）**尿素**　多数个体花农为降低生产成本多使用此肥,但在使用时尽量避免单独使用,要注意与过磷酸钙及氯化钾的合理搭配。使用后不要立即灌水,因酰胺态氮肥施后必须转化成铵态氮才能被作物吸收利用,灌水后会立刻流失。

（2）**普通复合肥**　价格相对便宜,不宜用于苗期和中后期,易作底肥。应根据植物生长规律适时补充速效氮肥,以满足作物营养需要。切记注意,含铵离子、氯化钾的复合肥不宜在盐碱地上施用,含硫酸钾的复合肥不宜在水田和酸性土壤中施用。

（3）**水溶性全元素速效复合肥**　常用的有 30 – 10 – 10、14 – 0 – 14、20 – 10 – 20、10 – 20 – 30 等,三个数字依次代表所含氮、磷、钾的比例。优点是见效快、营养成分易被吸收,且营养全面无须添加微量元素,可通过控肥与施肥来控制植株生长。目前使用的此类肥料均为进口,著名公司有:智利化学矿业公司,挪威的雅冉公司,英国的欧麦思公司、普朗特公司,以色列的海法公司,美国的施可得公司、果茂公司,韩国现代特产公司,加拿大的植物产品公司等。

（4）**缓释肥**　在化肥颗粒表面包上一层很薄的疏水物质制成包膜化肥,水分可以进入多孔的半透膜,溶解的养分向膜外扩散,不断供给作物,即对肥料养分释放速度进行调整,根据作物需求释放养分,达到元素供肥强度与作物生理需求的动态平衡。多作底肥使用,一次施肥满足作物的生长所需,省时省工,效益高,损失少,同时还能够减少环境污染。

3. 如何提高施肥效率

光照充足的地方要适当增加氮肥施用量,可促进植物的营养生长与生殖生长。光照不足时,要少施氮肥,防止贪青晚熟。

需增施叶面肥时,应于上午9点前及下午4点后施用,以减少损失。

多雨季节少施氮肥,防止作物疯长、肥料流水、污染水源等。

干旱少雨时,应适量增加磷、钾肥,钾肥可提高抗旱能力,增施磷肥可以提高对水分的利用率。

4. 植物发生肥害的症状

(1)**脱水** 施化肥过量,或土壤过旱,会引起土壤局部浓度过高,导致失水呈萎蔫状。

(2)**灼伤** 高温,施用挥发性强的化肥,会造成作物的叶片或幼嫩组织被灼伤。

(3)**中毒** 多数营养元素被植物大量吸收后,都会产生毒害,会导致根系腐烂。

(4)**滞长** 大量施用未经腐熟的有机肥,会因其分解发热释放有害气体,而导致生长缓慢。

5. 施肥的原则

(1)**科学配比** 根据土壤条件、作物营养需求和季节气候变化等因素,调整各种养分的配比和用量,使作物所需营养供给平衡。

(2)**适时适量** 随时观察植物生长状态,及时补充营养,如苗期可多施氮肥,以促进幼苗快速生长,达到开花年龄的大苗则以施磷、钾或复合肥为主。

(3)**养分的化学反应和拮抗作用** 在使用肥料时要注意各离子间相互作用,磷酸根离子容易与钙离子结合,生成难溶的磷酸钙,无法被植物吸收,会出现缺磷症状。钾离子与钙离子相互拮抗,钾离子过多会影响作物对钙离子的吸收,钙离子过多也会影响到钾离子的吸收。

(4)**基肥与追肥灵活使用** 为了减少施肥次数和节省劳力而一次性多施底肥的方法并不可取,如果底肥用量掌握不好会造成营养失衡现象,上盆后还应注意植株长势适时给予补肥。

(五)肥料、水分与基质的相互作用

草花生产过程中所呈现的问题,大部分都与水质、基质及肥料有关,因此掌握好三者之间的关系,是生产的首要问题。

水的碱度大就会消耗基质中的氢离子,导致基质 pH 升高,施入肥料后的酸碱反应也会影响到基质的 pH。肥料几乎都是由可溶性盐组成,与水分及基质中的可溶性盐共同影响植物生长。若总可溶性盐含量太低,幼苗营养生长不充分;若含量太高,幼苗生长太快,持续升高将会抑制根的生长,植株发育受到抑制。肥料的施入是为了弥补水和基质中养分的不足。

为防止基质 pH、EC 波动过大,每两次施肥间隙应浇清水一次,有条件的话应对水质进行检测,保证 pH 在 5.5 ~ 6。花卉种类不同、生长阶段不同,施肥浓度也有所差异。

(六)植物生长调节剂

随着花卉业的蓬勃发展,规模化及商品化程度的提高,植物生长调节剂的作用越来越受到重视,应用范围也越来越广泛。在实际生产中,常会遇到植物徒长、生长超前或发育滞后等问题,影响到产品质量及销售时间,无形中增加了生产成本,降低了收益。利用植物调节剂可以克服上述问题,具有投资小、见效快、效益高的特点。目前,国外几大花卉生产国也在广泛应用。

1. 植物生长调节剂的种类

植物生长调节剂是在植物激素被发现后,人们用化学或微生物发酵方法生产和植物激素相同或有类似化学结构和作用的化合物。具有促进植物生长,提高植物抗病性,增强植物抗逆力,保花保果,膨大果实,调节植物生理周期,缓解药害及肥害之功效。目前草花生产上常用的植物生长调节剂可分为三大类:生长促进剂、生长抑制剂、生长延缓剂。

(1)**植物生长促进剂** 是可以促进细胞分裂、分化和伸长生长,或促进植物营养器官的生长和生殖器官的发育的生长调节剂。包括生长素类、赤霉素类、细胞分裂素类、油菜素内酯等生长调节剂。

1)赤霉素(GA) 又称为九二零,促进 DNA 和 RNA 的合成,增加生长素含量,促进细胞生长和伸长,显著促进植物茎叶生长,对遗传性和生理性的矮生植物有明显的促进作用,能代替某些种子萌发所需的光照和低温条件,促进种子发芽,促使两年生的植物当年开花。在夏菊、石竹、天竺葵上均有应用,施用浓度在 10 ~ 100 毫克/升。

2)萘乙酸(NAA) 商品名有好喜、果农丰等。促进细胞分裂与扩大,促进生根,提高移栽成活率。不怕光热,被植物吸收后不易降解。促生的根粗而直。配制时要先溶于酒精。菊花在短日照处理一周后,用 50 ~ 100 毫克/升喷洒叶片,可明显减少落花数量。

3)吲哚丁酸(IBA) 促进细胞分裂、伸长和组织分化,诱导产生不定根,增加根数。低浓度时可增加花径,延迟花期。在土壤中易降解、易移动。

(2)**植物生长抑制剂** 抑制顶端分生组织生长,使植物丧失顶端优势,侧枝多,叶小,生殖器官也受影响。天然的植物生长抑制剂有脱落酸、肉桂酸、香豆素、水杨酸等。人工合成的有三碘苯甲酸和马来酰肼。

1)脱落酸(ABA)　抑制种子萌发,诱导植物产生抗逆性。与生长素混用可作生根剂,与激动素混用可增加营养物质吸收,促进幼苗生长提高抗性。

2)三碘苯甲酸　被称为抗生长素,阻碍植物体内生长素自上而下的极性运输,易被植物吸收,能在茎中运输,影响植物的生长发育。抑制植物顶端生长,使植物矮化,促进侧芽和分蘖生长。高浓度时抑制生长,可用于防止大豆倒伏;低浓度促进生根。在适当浓度下,具有促进开花和诱导花芽形成的作用。

(3)**植物生长延缓剂**　是抑制茎顶端下部区域的细胞分裂和伸长生长,使生长速率减慢的化合物。导致植物体节间缩短,诱导矮化、促进开花,但对叶子大小、叶片数目、节的数目和顶端优势相对没有影响。

1)丁酰肼(比久)　可抑制内源激素赤霉素的生物合成,从而抑制新枝生长、缩短节间、增加叶片厚度及叶绿素含量,防止落花落果,诱导不定根形成,提高抗寒性,但并不是对所有草花都适用,对凤仙花、万寿菊、金鱼草及天竺葵作用较小。施用方法采用喷雾方式。

2)矮壮素(CCC)　低毒,可经叶片、幼枝、芽、根系和种子进入到植株体内,能控制植株徒长,使节间缩短,根系发达抗倒伏。还能提高某些植物抗旱、抗寒、抗盐碱及抗部分病虫害能力。主要用于一品红、杜鹃、石竹等,使用浓度在750～3 000毫克/升。

3)多效唑(PP_{333})　抑制植物的纵向伸长,使分蘖或分枝增多,植株矮化紧凑,促进花芽形成,茎变粗,促进根系生长,根系干重增加,延迟花期。对矮牵牛、天竺葵、一品红等作用明显。

2. 植物生长调节剂的应用技术

(1)**施用时期**　植物生长调节剂必须在植物发育的适当阶段施用才能达到理想效果。因多数植物生长调节剂的有效成分都是通过茎、叶来吸收,所以要在植物发育到一定叶龄后施用。如生长抑制剂,一二年生草花通常都要等到三片真叶以后。

(2)**施用浓度**　要仔细阅读说明,严格按照说明操作配制。丁酰肼、矮壮素一般要喷到叶面滴水的程度,多效唑效果强,施用量低。如浓度过量,会引起中毒现象,产生叶斑、叶片卷曲或生长停滞等症状。

(3)**施用部位**　根据生长调节剂不同,施用的部位也有所不同。如叶面喷施多效唑和烯效唑效果不好,改用茎部或根部施用则效果明显。而丁酰肼则由植物的叶片吸收,只能喷灌,且喷洒要均匀。

(4)**不同植物**　植物不同对生长调节剂的敏感程度不同,同一植物的不同品种亦有不同。如三色堇、天竺葵、长春花、四季海棠对多效唑非常敏感,低浓度即可使长春花产生黑斑,使四季海棠幼苗生长停滞。矮牵牛的梦幻品种对多效唑的敏感程度明显高于其他品种,在实际生产中要注意。

3. 植物生长调节剂使用时注意事项

要明确生长调节剂不是营养物质,不能代替其他农业措施。只有配合水、肥等管理措施施用,方能发挥其效果。

市场上销售的植物生长调节剂虽种类繁多,但不能盲目购买。要根据不同对象和不同目的选择合适的植物生长调节剂。

掌握好剂量与浓度,浓度过大,易发生药害;过小,不会产生药效。

首次不能大面积使用,要做小范围试验,安全有效后再做大面积推广。

四、一二年生草花穴盘苗生产技术

（一）播种

一二年生草花多采用种子繁殖,传统的育苗方式为苗床直播或平盘撒播。随着科技的进步与花卉业的发展,穴盘育苗技术已被广大种植者们普遍接受。

1. 播前准备

（1）**确定播种时间** 我国一二年生草花用花时间相对比较一致,主要是重大节日如五一、十一以及重大活动,因此在播种前要仔细阅读产品说明及搜集资料(表4-1),掌握不同花卉的生长周期。根据生长周期和生长环境调节播种时间,像一串红、矮牵牛、万寿菊等,不需要特殊环境诱导,在完成一定的生长期以后即可开花的,可通过改变播种时间调节开花。如为使在国庆开花,翠菊、千日红、百日草、万寿菊、一串红等应在7月中旬播种,为使在元旦或春节开花,金盏花、瓜叶菊、紫罗兰等花卉应于9月播种。具体生长周期可参照下表4-2。

表4-1 部分一二年生草花生长周期资料

名称	在穴盘内的周数	上盆到销售的周数	总周数
藿香蓟	5~6	4~5	9~11
四季海棠	8~9	5~7	13~16
羽衣甘蓝	3~4	4~6	7~10
长春花	6~7	6~8	12~15
鸡冠花	5~6	4~5	9~11
彩叶草	5~6	4~5	9~11
何氏凤仙	5~6	3~4	8~10
半边莲	5~6	5~8	10~14
香雪球	5~6	2~3	7~9
天竺葵	6~7	8~11	14~18
矮牵牛	5~6	2~4	7~10

名称	在穴盘内的周数	上盆到销售的周数	总周数
一串红	5~6	4~5	9~11
孔雀草	5~6	2~4	7~10
美女樱	5~6	5~7	10~13
三色堇	6~7	6~8	12~15
百日草	3~4	3~4	6~8

注:本表按406的穴盘计算,如128或288的穴盘时间会长些。

表4-2　一二年生草花播种期推荐(西安地区)

(引自　浙江虹越花卉有限公司资料　2008)

名称	系列	播种期	用花时间
孔雀草	沙发瑞、英雄	11月至翌年1月	五一
矮牵牛	虹彩、梦幻	11月至翌年1月	五一
垂吊矮牵牛	美声、波浪	11~12月	五一
一串红	火凤凰、展望	11~12月	五一
万寿菊	阿特兰提斯、丰富	12月至翌年2月	五一
四季海棠	鸡尾酒、超级奥林匹亚	12月	五一
长春花	太平洋、冷色、热浪	1~2月	五一
洋凤仙	节拍、超级精灵、重音	12月至翌年1月	五一
三色堇	阿特拉斯、皇冠	8~11月	五一
金盏菊	棒棒、悠远、黑眼	10~12月	五一
杂交石竹	卫星系列、地毯	1~2月	五一
羽状鸡冠	城堡、和服、新景象、世纪	3~4月	六月左右开花
藿香蓟	夏威夷	1~2月	五一
向日葵	大笑、强壮	2~3月	五一
孔雀草	杰妮、小英雄	6~7月	十一
矮牵牛	虹彩、梦幻	4~6月	十一
一串红	火凤凰、展望	4~6月	十一
羽状鸡冠	城堡、和服、新景象、世纪	5~7月	十一
头状鸡冠	阿迷哥、东方2号、红顶	6~7月	十一
长春花	太平洋、冷色、热浪	6~7月	十一
万寿菊	安提瓜、发现	6~8月	十一

名称	系列	播种期	用花时间
彩叶草	奇才、航路	6~8月	十一
百日草	恒星、梦境、丰盛	7~8月	十一
夏堇	小丑	6~7月	十一
千日红	侏儒	7~8月	十一
皇帝菊	金百万	7~8月	十一

(2)种子处理 播种前要仔细对种子进行检查,保证种子的纯度,拣出质量差的种子,以免影响发芽率。对于一些不易发芽的种子要进行处理才可以播种,如种皮坚硬不易吸水萌芽的种子,可以先刻伤表皮或用强酸腐蚀。对于种子萌芽需较长时间的可以用40~50℃的温水进行浸泡2~6小时,如一串红种子萌芽需10~18天,用温水浸泡后可提前发芽。对于在休眠期需要播种的种子要用激素打破休眠再进行播种。目前,买到的商品种子,质量跟净度都能达到播种要求,通常播种前不需进行任何处理,上述方法很少用到。

(3)基质的准备

1)基质的配比 基质通常选用泥炭、蛭石、珍珠岩和石灰石等。如果购买专业的育苗基质可直接使用。如自配基质,可选用80%~85%泥炭、10%~15%颗粒较小的珍珠岩和5%~10%中等粗度的蛭石配制。可加石灰石调节基质pH至5.5~6.5。

2)基质的浸润 基质在填装前要预先喷水浸润,使湿度达到50%~60%。若湿度过低,基质颗粒过于紧密,播种完浇水后容易把基质和种子冲出。湿度过高,不易填充。用手紧握基质,没有水分挤出,松手后基质还会保持原状,但用手指轻压,基质会松开。此时为理想状态。

3)基质的填充 如有机械填充机时可采用机械填充方式,省时省力。人工填充时要保证每个穴孔内有足够的基质,用手轻轻填压,使基质中间略低于四周,基质表面和穴盘边缘有2~3毫米的高度差。若基质按下一半,说明基质太少,还应继续填装。基质不可填装过多,不利于基质的储水及种子的覆盖,应略低于穴盘穴孔的高度,穴孔的轮廓清晰可见。要保证基质填充均匀,每个穴孔的基质多少要相当,防止出现穴孔干湿情况不一的现象。

(4)穴盘的准备 可根据品种不同选择不同规格的穴盘,一二年生草花生产常用穴孔数为128、200、288三种规格的穴盘,旧穴盘使用前要进行消毒处理。基质装盘后,大批的穴盘应交错垂直摆放,不要直接垛叠,防止直接挤压,造成基质紧实度不一。

(5)播前浇水 播种前要浇透水,待基质表面不呈水泽状时播种。刚好浇透的简单判断方法是穴孔底部的渗水孔恰好有水分渗出。不要一次浇透,要反复浇,让水分渐渐渗入基质。品种不同,种子萌发第一阶段所需的湿度也不相同,等基质浇后湿度降低的程度适时播种,需要较大湿度才能萌发的种子,浇透后即可播种。美女樱萌发时需要的湿度较低,基质无须浇透,基质浸润装盘后即可播种。

2. 播种

有机械播种和手工播种两种方式,若育苗数量不大,可采用手工播种法。将种子仔细点入穴孔,将种子播于穴孔中央,每穴一粒,使种子和基质接触良好。将种子倒入白色小盘,较小种子可用牙签蘸取。矮牵牛便用此法播种。播种好的穴盘置于发芽室或平放于育苗床上发芽。手工播种步骤,见图4-1、图4-2、图4-3、图4-4、图4-5。

图4-1 装盘

图4-2 穴盘浇透水

图4-3 播种

图4-4 覆土

图4-5 覆膜

选用播种机播种时,操作员必须很好地掌握机器的使用方法,出现故障时,能及时处理维修。对于初次接触穴盘苗生产的小型种植户来说,可选用价格低廉、操作简单的播种机。播种机播种步骤,见图4-6、图4-7、图4-8。

图4-6 放入穴盘

图4-7 自动播种

图4-8 播完取走

3. 覆土

多数草花种子播种后需要覆土,有助于促进种子萌发及根系的生长。覆土材料常采用粗蛭石,既可保湿也能通气。覆盖厚度一般为种子直径的1~2倍。有些种子需要在黑暗条件下萌发,必须覆土。如仙客来、福禄考和长春花。矮牵牛、六倍利、四季海棠等,种子细小,需在微弱光照条件下种子才能更好地萌发,一般不宜覆土。覆土后,在苗床上催芽的,穴盘要覆盖上地膜或无纺布;放入催芽室的,无须覆盖。

在覆土时,要避免覆盖过多、过少或不均匀。覆盖不足会起不到作用,覆盖过多,种子会窒息导致出苗情况不稳定。覆盖不均匀,湿度不一致,会导致长势不一致。

(二)一二年生草花穴盘苗管理技术

1. 穴盘苗四个阶段的划分及管理要点

美国的戴维·柯瑞恩(Davidkoranski)将穴盘苗从播种到种子萌发到幼苗生长到成长为移栽苗的整个过程分为四个不同的生长阶段。之所以将育苗划分为四个阶段是因为这四个阶段的生长状态与所需要的温度、湿度、光照、肥料等环境和管理条件的要求不同。若管理不好,对幼苗期的发育、花卉的形状、开花数量、生产周期都有很大影响。每个阶段对环境的要求不同,见表4-3。

表4-3　穴盘苗四个阶段概况

阶段名称	具体阶段	环境管理			
		温度	湿度	光照	养分
第一阶段	从播种到胚根出现	高	高	低	低
第二阶段	从胚根出现到子叶展开	↓	↓	↓	↓
第三阶段	从子叶展开到全部真叶长出	↓	↓	↓	↓
第四阶段	短期炼苗过程	低	低	高	高

(1)**第一阶段**　从播种到种子初生根(胚根)突出种皮为止,即所谓发芽期或露白。此阶段主要的特征是需要较高的温度和湿度。较高的温度是相对于以后三个阶段来说的。持续恒定的温度对种子来说可以促进种子对水分的吸收,解除休眠,激活生命活力,大部分一二年生草花种子发芽所需要最适温度在18~26℃,花毛茛、飞燕草等少数喜凉花卉对温度要求相对较低为15~18℃。较高的湿度可以满足种子对水分的需要,除美女樱等少数喜欢相对干燥环境的种类外,其余种类该阶段还是要求基质和空气湿度能达到90%~100%,来满足种子对水分的需要,促进其生物化学反应的完成。本阶段对光照的要求,因种类不同而有所差别。喜光品种此阶段需100~1 000勒的光照,可促进种子萌

发。仙客来、长春花等,种子发芽需黑暗的环境,种子只需少许光照或完全不需要。

(2)**第二阶段** 从胚根出现、种子发芽以后,紧接着是下胚轴伸长,顶芽突破基质,上胚轴伸长,子叶展开,根系、茎干及子叶开始进入发育状态,称为第二阶段。管理重点是下胚轴的矮化及促壮。要想促壮及矮化幼苗的下胚轴,必须严格控制温度、湿度、光照等栽培因子。此阶段对温度与湿度的要求与第一阶段相比有所下降,少数对湿度要求较高的种类仍保持之前水平。对光照的要求开始加强,从几百勒到几千勒。如果下胚轴伸长过快,就会引起幼苗徒长。幼苗子叶展开的下胚轴理想长度为0.5厘米,达到1厘米以上则有徒长迹象。下胚轴若太长,随着幼苗上部体积及重量的增加,易发生倒伏。如若倒伏,会给生产带来无法挽救的损失,所以下胚轴的矮化及促壮是提高成苗率的关键。

(3)**第三阶段** 从子叶展开到全部真叶长出,达到3~4片真叶。与第二阶段相比,湿度和温度应有所降低,光照强度要有所增加,从几千勒到两万勒。真叶在这一阶段生长和发育,所以此阶段要加强养分的管理。可以交替施用14-0-14与20-10-20肥料,氮的浓度从100毫克/升开始,以后逐渐增加,两次施肥中间浇清水一次。施肥过量后,也会造成幼苗徒长,基质的电导率增加,影响根系发育。

(4)**第四阶段** 真叶已全部长出,为运输或短期存放而进行的炼苗过程,幼苗准备进行上盆或出售。此阶段为大部分的幼苗生长时期,可达到出圃规格,对环境条件的适应和抵抗力大大增强。对温度、湿度的要求较前三阶段相比,处于最低状态,应适当控温控水,以不发生萎蔫和不影响其正常发育即可。

2. 穴盘苗管理技术

(1)**温度管理** 植物对温度有相同的反应,低于或高于温度基点植物都会停止生长,在适宜温度范围内,植物生长发育最好。超过或低于最适温度,植株生长缓慢。多数一二年生草本花卉生长的最适温度为18~29℃,同一作物的不同发育时期,最适温度也有所变化,随植物的成熟程度而逐渐降低。种子萌发的最适温度一般为18~26℃,茎生长阶段和子叶出现时为17~24℃,真叶的发育温度15~22℃,炼苗的温度14~19℃,从第一阶段到第四阶段温度逐渐降低。

(2)**光照管理** 光对植物的影响有四种形式,光质、光周期、光强度和光量。光质影响株型和高矮。光周期与植物的开花时间有关。光量是光强度乘以光照时间,影响植物的生长和产量。不同的花卉对光照要求也不尽相同。

种子萌发期,部分种类需要光照条件,也有需要黑暗条件的植物,金盏菊要求在有光条件才能萌发,而仙客来则要求在无光条件才能萌发。大多数花卉种子自然条件下就可发芽,对光照没有强制要求。真叶出现后即第二阶段,多数植物都开始需要接受光照。随着各阶段的递进需要的光照逐步增强,这是一条基本的规律。从光周期来看,长日照植物,如球根海棠,在穴盘苗第三阶段进行补光,提供短夜条件,可促进开花。短日照植物,如万寿菊,在第三阶段因提供两周的长夜,可诱导开花。

(3)水分管理　湿度也是影响植物生长的重要环境因素之一,因此水分的管理是一个复杂的过程,合理的湿度和适时的浇水是影响幼苗生长健壮的关键。穴盘苗第一阶段湿度要求较高近100%,以后逐渐降低。到第四阶段,只要幼苗不出现萎蔫现象,可适量控水,尽量少浇。幼苗在高湿条件下,会表现为节间过长、植株细弱、分枝少、根系不发达。人工浇水的条件下,要先观测基质的干湿程度和空气湿度,掌握好浇水时间和浇水量。自动喷灌条件下,每次给水量达到基质持水量的60%左右。蒸发量小,空气湿度大时少喷水。相反,就要多喷水。下午喷最后一遍水时要保证夜间叶面无水珠,因此下午浇水要在2点之前,夏季高温情况可在3点之前。如叶面上带水珠过夜,易引起病害。

(4)养分管理　在穴盘苗基质中的养分含量较少,随着种子的萌发要适时施肥,及时补充水和基质不能满足的那部分养分。第一阶段,基质中的养分可供其生长,无须施肥,可供应7~10天。到了第二阶段,幼苗开始光合作用,就要开始使用50毫克/升的氮肥,硝态氮与铵态氮交替使用效果好于单独施用一种。一般交替施用20-10-20与14-0-14。第三阶段,幼苗需要更多的养分,氮的浓度应增加到100~150毫克/升,交替施用20-10-20与14-0-14。在施肥中要注意,每种花对养分的需求不同。秋海棠在第三阶段施稍多铵态氮肥,如20-10-20效果较好,凤仙花则要施稍多硝态氮肥,如14-0-10,否则会徒长。最后,炼苗阶段,需温度相对较低,此时铵态氮肥转化速率较慢,大量积累会对幼苗产生毒害,要施用浓度为100~150毫克/升的硝态氮肥。一二年生草花在不同穴盘苗期的需肥量见表4-4。

表4-4　一二年生草花在不同穴盘苗期的需肥量

穴盘苗阶段	施肥量(N)	低	中	高
第二阶段	50~75毫克/升 每周1~2次	EC<0.5	0.5<EC<0.75	EC>0.75
		鸡冠花	大花藿香蓟	秋海棠
		羽衣甘蓝	石竹	天竺葵
		金鱼草	银叶菊	烟草花
		观赏辣椒	非洲凤仙	矮牵牛
			洋桔梗	
			万寿菊	
			孔雀草	
			欧洲报春	
			一串红	
			美女樱	
			长春花	

穴盘苗阶段	施肥量(N)	低	中	高
第三阶段	100～150毫克/升 每周1～2次	0.5 < EC < 0.75	0.75 < EC < 1	1 < EC < 1.5
		金鱼草	大花藿香蓟	秋海棠
		观赏辣椒	石竹	天竺葵
			银叶菊	烟草花
			非洲凤仙	矮牵牛
			万寿菊	洋桔梗
			孔雀草	彩叶草
			欧洲报春	
			一串红	
			美女樱	
			长春花	

（三）常见问题及解决方法

穴盘苗需要精细管理,工厂化穴盘苗主要参数见表4-5。但在生产中难免会因管理疏忽或环境条件不适出现问题,如地上部徒长、根系生长过旺、生长滞后等,应及时发现尽快采取措施分析解决。

表4-5 工厂化穴盘苗主要参数

（引自:工厂化穴盘苗育苗主要技术及标准,金炳胜、王丽勉 2004）

名称	穴孔数	盘根情况	根色	株高/厘米	茎粗/厘米	叶色
三色堇	200	布满穴盘	白色	—	—	绿色
矮牵牛	288	布满穴盘	白色	—	—	绿色
四季海棠	200	布满穴盘	黄白色	—	—	翠绿色/红色
报春花	128	布满穴盘	白色	—	—	翠绿色
仙客来	200	布满穴盘	白褐色	—	—	花纹绿色
瓜叶菊	200	布满穴盘	黄白色	—	—	翠绿色
蒲包花	200	布满穴盘	白色	—	—	黄绿色
大岩桐	200	布满穴盘	淡黄色	—	—	黄绿色
石竹	200	布满穴盘	白色	3～5	—	黄绿色
雏菊	200	布满穴盘	黄白色	4～5	—	翠绿色

名称	穴孔数	盘根情况	根色	株高/厘米	茎粗/厘米	叶色
万寿菊	200	布满穴盘	白色	4~6	0.2~0.3	墨绿色
金盏菊	200	布满穴盘	白色	5~6	0.3	墨绿色
一串红	200	布满穴盘	黄白色	4~6	0.2~0.3	深绿色
长春花	200	布满穴盘	白色	4~6	0.2	深绿色
彩叶草	200	布满穴盘	白色	4~5	0.3	彩色
金鱼草	200	布满穴盘	黄白色	5~7	0.2~0.3	墨绿色
百日草	200	布满穴盘	白色	4~5	0.3	绿色
鸡冠花	200	布满穴盘	白色	4~5	0.2~0.3	绿色/红色
何氏凤仙	200	布满穴盘	白色	4~5	0.3~0.4	翠绿色

1. 地上部徒长

地上部徒长或地上部与根部生长比例过高现象,是影响穴盘苗质量的主要原因之一。表现为植株高、茎徒长、叶大而软、根系长势弱,矮牵牛与凤仙花易出现此类现象。主要防治措施有:

(1)**调整温度** 叶片数量的增长主要由日平均温度来控制。通常在10~26℃,降低日平均温度,可以有效地控制地上部的生长,但根的生长也会受到抑制。地上部节间的生长由昼夜温差决定,昼夜温差为负值时,节间较短,但不会影响根系生长。因此,降低日平均温度同时调整昼夜温差是缓解穴盘苗徒长的重要措施。

(2)**控制水分** 如果基质一直保持较高的湿度,没有空气流通空间,会抑制根的生长以及地上部养分的吸收。因此,应该提供良好的通风和排湿条件,穴盘苗从第二阶段起,要保证在两次浇水间基质有轻微干燥的过程,创造干湿循环的环境。

(3)**肥料的选择** 徒长的植株,要降低铵态氮肥料的施用量,高的硝态氮肥有防止植物徒长,使植物生长健壮的作用。钙对保持细胞壁厚度、细胞分裂和伸长有重要作用。因此,地上部徒长时可施用高钙高硝态氮肥。如15-0-15、14-0-14等,施用浓度小于150毫克/升,此类肥料为碱性,施用后要检测基质pH。

(4)**增加光照** 多数草本花卉第三阶段,光照强度接近26900勒,适宜其生长,低于此值,会对其生长质量造成影响。人为增加光源,延长光照时间,都有利于降低株高、增加分枝、促进叶片发育。

(5)**化学调节剂** 施用植物生长延缓剂可使叶色变绿、分枝增加、根系生长增强。常用适宜浓度的比久和矮壮素(CCC)进行喷施。可单独施用,也可两种混合施用。混合施用对三色堇效果较为明显。

2. 根系生长过旺

根系过于发达,地上部太小会导致叶小、颜色浅,节间短、分枝多。多由湿度低、光照强造成。防治措施有:

(1)**调整温度** 在适宜温度范围内,升高日平均温度,加速地上部生长。正的昼夜温差有利于节间和茎的伸长。

(2)**控制水分** 高湿条件不利于根系生长,在保证干湿循环条件下,增加浇水次数。在气候干燥、光照较强的条件下,尽量选用保水性强、透气性略差的基质。

(3)**肥料的选择** 铵态氮肥、尿素和磷会促进叶和节间的伸展。高温、强光条件植物快速吸水,会增进钙的吸收,因此不需补充过多的钙。

(4)**控制光照** 为促进地上部生长,可把光照降低到 26 900 勒以下,低光下蒸腾作用会降低。远红光也会使地上部长得更快。

(5)**化学调节剂** 可喷施适宜浓度的赤霉素、吲哚丁酸等促进幼苗茎叶细胞伸长。

3. 生长滞后

穴盘苗在计划出圃时期未达到生产要求,生长时间超过正常生长周期,表现为生长滞后,需加速穴盘苗的生长。可在适宜温度范围内采用提高日平均温度 2 ~ 3℃,增大昼夜温差。同时创造干湿循环环境,增加铵态氮肥的施用量,浓度应控制在 150 ~ 250 毫克/升。提高光照水平,使保持在 16 140 ~ 26 900 勒。

4. 生长超前

当穴盘苗生长早于生长周期,未到出圃时间已达到生产要求,表现为生长超前,需延缓穴盘苗生长。可减少日平均温度 3℃ 左右、使夜间温度高于白天温度产生负温差、施用高硝态氮和高钙的肥料、增加光照,保持在 26 900 ~ 43 040 勒。

五、移栽、栽后管理及花期调控

（一）移栽

当穴盘苗达到上盆要求时，需要及时移栽，事先做好移栽前准备工作。

1. 移栽前准备

穴盘苗在移栽前要在 2~3 小时前浇足水分，移栽时较易拔出，减少损伤。

（1）**栽培基质的配比** 栽培基质要求土壤疏松，排水性能好，保水性好，含有丰富有机质。分为无土基质和有土基质，一二年生草花在两种基质中都能长得很好。有土基质中所添加土壤的比例不宜过多，一般添加自然土、腐叶土等。自然土是由山坡或田地里直接挖取的土经配制而成的，一般统称为田园土。优点是保持水分，但容易板结，土质较硬，不适合长期使用。腐叶土是在林内枯枝落叶层以下挖取的，这些土是枯枝败叶腐烂后和泥土充分混合后生成的。栽培基质中需加入适量的有机肥和缓释复合肥，无土基质 pH 应保持在 5.5~5.8，有土基质 pH 应在 5.5~6.3。天竺葵、万寿菊和凤仙花，需要的 pH 应在 6.2~6.5。可溶性盐水平应该在 1~1.5 毫西/厘米。各种成分并没有严格的比例，只要能满足植株生长需求，可就近取材，只要 pH 与可溶性盐含量在合理范围内即可。

常用的栽培基质种类有泥炭、河沙、珍珠岩、蛭石、椰糠、腐叶土及动物粪肥。实际生产中常用腐叶土、自然土、泥炭和蛭石配制，并根据情况加入煤渣和砻糠之类以改善土质。若本地土壤偏碱性，在配制时应加入有机基质或动物粪肥来调整土壤酸碱性，为使土壤不板结应加入炉渣、沙粒等无机物质保持土壤的透气透水性。

（2）**基质的消毒** 将配制好的栽培基质，在地布或干净的地面上摊平，暴晒 3~15 天，可有效地杀死大量病菌孢子、菌丝及虫卵，减少病虫害的发生。也可在栽培基质中掺入适量的杀虫杀菌剂。

（3）**场地准备** 将计划摆放移栽苗的场地整平压实，除去杂草及杂物。为防止杂草陆续长出，可用园艺地布进行覆盖。

2. 移栽

目前一二年生草花生产为节约成本，操作方便，提高成活率多采用营养钵栽植，营养钵的大小根据植株成苗根系大小确定。常见营养钵类型见图5-1。

图5-1　常见营养钵类型

（1）**装盆要求**　通常选用15厘米×13厘米或13厘米×12厘米的黑色软营养钵。装入栽培基质，不要装得过满，留有距边缘2厘米左右的距离，否则不利于浇水。基质装入过程中，要蹲下盆，防止栽培基质装得不匀，钵内留有空间。装好后无间隙摆放，可按每行13～15盆来摆放，见图5-2。具体摆放形式，根据生产场地来确定。

图5-2　装盆

（2）**移栽过程**　准备好移栽工具，常用的有：宽2～3厘米，长20～25厘米前端削成三角形的竹片，或者是用铁丝围成的小叉子。将穴盘苗从穴盘拉出，用移栽工具插入装好栽培基质的营养钵内,也可用手指戳出小孔(图5-3),将穴盘苗放入孔内盖平,用手搋实(图5-4)。移栽后植株见图5-5。

图5-3　移栽控孔

图5-4　压实根部

图5-5　移栽结束

国外多采用自动化生产系统,有专业的栽培基质填充机和穴盘苗自动移栽机,省时省力,节约好多人工资源,但我国大部分一二年生草花的生产,自动化程度还不够发达,种植者仍多采用人工移栽方式。

3. 栽后一周的管理

移栽后第一周的管理极为关键,管理不当会造成很大损失。

1)温度　移栽后的植株应在土温为 18～21℃的条件下缓苗,时间 3～4 天。缓苗后,夜间温度应降到 15～18℃,昼夜温差为零或负值时,植株生长紧凑。

2)水分　移栽后的植株要马上浇透水,水量达到基质饱和程度,以水分从营养钵内流出 10%～15% 为宜。下次浇水要等到基质干透,见干见湿有利于根的生长。

3)养分　栽后一周内,最好不要施肥。因植株处于缓苗期很难吸收,栽培基质内所含养分足够其利用。

4)光照　刚移栽后的植株长势较弱,不能抵抗强光的照射,为防止发生萎蔫应适当遮阴。

4. 移栽过程中应注意的问题

移栽时尽量选择植株健壮、根系发达、长势好且没有病虫害的穴盘苗,防止后期植株长势不整齐、感染病虫害,不易管理。

移栽时要把握好栽植深度,通常不能超过穴盘苗根团的深度。如长春花和鸡冠花,如栽得过深,易患丝核菌病。秋海棠和三色堇等丛生种类,若花冠低于基质,易患腐烂病。万寿菊则略深略浅都不会有太大影响。

移栽时要尽量保证根系的完整,避免损伤。有些种类不耐移植,如紫罗兰多次移植或裸根移植,很难成活。

(二)栽后管理

从穴盘苗移栽到成品植株的出售,也可人为地分为四个阶段。第一阶段是穴盘苗移栽到根系开始生长,此阶段为植株成活的关键期。第二阶段是从根系开始生长到根系达到盆壁,此阶段为植株健康生长期。第三阶段为旺盛生长阶段是品种保障的关键环节。最后阶段为植株达到成品状态、等待出售期。苗期的管理直接影响到最后植株的品质、价格,每个阶段都要精心管理。

1. 温度管理

通常一二年生草花移栽后苗期的管理较穴盘苗期相对粗放,生长温度范围可控制在 18～26℃。十一用花,北方地区,7～8 月移栽后的植株放于露地养护,夏季炎热,降温是管理重点之一。可通过通风、遮阴和喷雾等方法来达到降温效果。五一用花,北方地区,移栽后要放于保护地养护,保温又是重要措施,温室可通过暖气等加温设施提高温度。

待气候适宜,挪出室外管理。挪出时要注意,可先挪出小部分进行观察,若几天后生长正常,再统一全部挪出,防止造成不必要的损失。

一般来说水温不会对植物的长势造成很大的影响,但是凤仙在水温为 18～21℃ 条件下浇水,长势更佳。

2. 水分管理

在给一二年生草花浇水时间的选择上,最重要的就是尽量保持当时的水温和土温一致。只要水温与土壤温度差控制在 5℃ 以内,浇花都是比较安全的。所以自来水都要先搁置一段时间再用来浇花,不仅能使氯气挥发,还能使水温升高。具体到每天的浇花时间,春夏秋冬也不尽相同。春秋季节,可在下午 2 点前浇完,否则水滴在叶片上过夜容易引发病害。夏季最好在上午 10 点前浇水结束,夏季中午温度高,很多植物的叶面温度和盆土温度都高于 40℃,蒸腾作用强,水分挥发快,根系一直处于积极吸收水分状态。如突然遇冷,根毛受到低温刺激会立刻收缩,影响水分的正常吸收,出现"生理干旱"现象,表现出叶片萎蔫,枝梢垂头的缺水症状。

3. 养分管理

施肥计划要取决于水分和基质的 pH、可溶性盐含量及养分等。所有的化肥都是由可溶性盐组成的,且会把水和基质中可溶性盐的水平提高到使幼苗的根系受到影响的程度。实际生产中,根据底肥添加缓释肥的多少及观察植株生长情况,适时施肥,可交替施用浓度为 200～300 毫克/升的 20－10－20 与 14－0－14,两次施肥中间浇清水 1 次。也可每隔 7～10 天施 1 次花卉复合肥。出售前两周可施用促花专用肥或喷施磷酸二氢钾。常用肥料浓度的配制见表 5－1。

表 5－1　常用肥料浓度的配制(每升水中所加肥料的克数)

肥料种类	所需配制 N 的浓度(毫克/升)						
	50	100	200	300	400	500	600
20－10－20	0.25	0.5	1	1.5	2	2.5	3
15－15－15	0.34	0.67	1.32	2	2.67	3.34	4.01
15－0－15	0.34	0.67	1.34	2	2.67	3.34	4.01
13－2－13	0.38	0.77	1.54	2.31	3.08	3.85	4.61
14－0－14	0.36	0.71	1.43	2.15	2.86	3.57	4.28
17－0－17	0.29	0.59	1.18	1.76	2.36	2.94	3.53
20－10－20	0.25	0.5	1	1.5	2	2.5	3

4. 光照管理

当植株达到光饱和时,过多的辐射会增加植物的蒸腾作用,阻止了植物的生长。当光照强度不足时,蒸腾作用减弱,会降低营养物质的吸收,导致植株生长势弱、茎段细长、根系不发达。因此,夏季要减少植物的强光辐射,否则会使叶片变白、灼伤,植株生长缓慢。搭建遮阳网,可起到遮阴、减少强光的作用。生产中,可在上午10点至下午2点进行遮阴,其余时间要撤掉。

5. 其他管理

(1) *摘心摘花* 一二年生草花在生长过程中,要对植株进行摘心摘花处理,起到使株丛矮化、开花繁多和抑制徒长以及延长花期的作用。通常在移栽后20天左右进行,具体时间视种类及长势来定。如一串红、万寿菊和金鱼草等,开花前不易萌生侧枝,花后萌生的侧枝部位偏高容易造成倒伏。对这类草花应及早摘心,使其株型圆满。为达到理想的株型,摘心1次后,等侧枝长至1~2节时,可再进行摘心。对于早开花卉,如孔雀草、矮牵牛等还要进行摘花,促使植株壮大,避免过早开花消耗植株养分。对丛生型的草花,如美女樱、孔雀草、香雪球和半边莲等,不必摘心。有的花着生在主枝上,若摘心就不能开花或使花朵变小,也不宜摘心。适合摘心的种类有秋海棠、倒挂金钟、天竺葵、百日草、一串红、波斯菊、万寿菊、黑心菊、藿香蓟、千日红、彩叶草、银边翠、矮牵牛、金鱼草、桂竹香、福禄考等。

摘心在生产上分剥心和打头两种。剥心产生的分枝长势比较均匀,长短粗细较接近。打头产生的枝条会有一个明显的主长枝出现,周边枝条则相对要弱。若要求株型小,开花时间较早的情况下,一串红、翠菊等可不必摘心。种植者应根据实际生产情况进行合理调整。摘心时间最好选择在晴天进行,避免阴雨天气,防止摘心后茎部伤口愈合缓慢感染病菌。

(2) *病虫害防治* 以预防为主,保持栽培地的环境卫生,可减少危害。保护植株,避免受损伤,谨防病菌侵入。加强日常管理,保持水肥适当,空气畅通,温度及光照适宜,使植株生长健壮,抵抗病虫害的滋生和蔓延。可每间隔7~10天喷施25%多菌灵可湿性粉剂300~600倍液(或40%胶悬剂600~800倍),50%托布津可湿性粉剂1 000倍液,70%代森锰可湿性溶粉500倍液,80%代森锰锌可湿性粉剂400~600倍液,50%克菌丹可湿性粉剂500倍液等。要注意药剂的交替使用,以免病菌产生抗药性。虫害根据具体情况有针对性地喷施杀虫剂。

(三)花期调控

花期调控是指花期的调节,也包括花枝或植株形态的调节。主要措施是应用栽培技

术、药剂处理等改变自然花期。目的是按照人们的意愿定时开放,根据市场或应用需求按时提供成品。具体调控措施有以下几点:

1. 调节温度

一般情况下,温度越高花卉的生长越快,但温度过高或过低都会抑制其生长或开花。不同花卉对白天及夜晚温度的敏感性也有所差异,某些花卉花芽分化对白天温度敏感,如倒挂金钟,若白天温度超过20℃,就不会产生新的花苞。万寿菊则会对夜间温度敏感,若夜间温度高于23℃,则不产生新的花苞。有些植物经一定程度低温,即可诱导开花,如报春花,在温度低于17℃的条件下可提前开花。

2. 调节光照

植物对白天和黑夜相对长度的反应称为光周期现象,多数草本花卉会有光周期反应。多数的一二年生草花属于中性植物,开花与光周期无关,生长到一定时期便会开花。但短日植物与长日植物受光周期影响较大,矮牵牛属长日植物,在苗期适当补充光照可诱导开花。万寿菊属短日植物,连续提供一段时间的长夜条件,可诱导其提前开花。大多数种类不需要在其整个生长过程都进行光照处理,只要在关键的时间作必要的处理,而其他时间放在普通的场所生长即可。

3. 摘心摘花

可通过摘心摘花来控制推迟花期。由于不同花卉从摘心到开花所需的时间不尽相同,要特别注意最后一次摘心时间。如国庆期间要出售的一串红,最后一次摘心应提前40天进行,小菊则要提前70天。

4. 水肥控制

在整个生长过程中,水肥管理对开花有着重要的影响。通过水肥控制,促进或抑制生长发育进程,从而达到对花期的调控。开花前期保证花卉正常生长的条件下,严格控制水分,可达到催花的效果。根据各种花卉栽培过程中的需肥特点,制订不同的施肥方案。在开花末期施用氮肥,延迟植株衰老。施用磷肥可促进开花。如用3%磷酸二氢钾溶液进行根外追肥或施于根部1～2次,能明显促进花芽分化,提早开花。

5. 植物生长调节剂控制

植物生长调节剂除了能诱导花卉开花外,还能使植株矮化,促进生根,防止落花落果,催熟果实及田间除草等。赤霉素促进花卉的营养生长,可导致其开花。生长抑制剂或延缓剂来抑制伸长生长,矮化株型,促进分枝及花芽分化。如用一定浓度的萘乙酸处理菊花,可以推迟菊花的花期。赤霉素、细胞分裂素、生长素对菊花、一品红、香豌豆、金鱼草、飞燕草等有延长花期、防止脱落的作用。草花对不同生长调节剂的反应是不同的,因此在使用前必须了解产品的特性和比较试验后方可使用。需要特别注意的是矮壮素的作用只是有限调节。常用的草花矮化剂有:A - Rest 常在移栽后 2 ~ 4 周进行叶面喷洒,浓度 30 ~ 130 毫克/升。比久使用方法同上,但浓度为 2 500 ~ 5 000 毫克/升。其他的有多效唑、矮壮素和烯效唑。

总之,要准确预定花期是项复杂的技术。在调整花期时,要综合考虑各种因素,温度、光照、水分及养分的管理是相互联系、相互作用的。在改变一种因素的同时,其余管理也要随之加强。如高温能促进生长,但不利于植株基部分枝,因此尽管可以提早开花,但花苗的株型不良,所以在较高温度的环境下生长的同时也应该提供较多的水分和肥料。

六、一二年生草花常见病虫害及防治技术

（一）一二年生草花病害及防治技术

花卉病害是指在生长发育过程中,遭受寄生物的侵染或不良环境的影响,新陈代谢作用受到干扰或破坏,超过自身的调节适应能力,引起生理机能和组织形态的改变,致使生长发育受到显著的阻碍,导致植株变色、变态、腐烂,局部或整株死亡,称之为花卉病害。分为生理性病害和病理性病害。

1. 常见生理性病害及其防治

生理病害,主要是由于气候和土壤等条件不适宜引起的。一二年生草花常见生理性病害主要有:

（1）**叶片变色**　叶色变浅或变黄色、白色,或产生红色、黄色或紫色斑点。营养元素不足常常引起植株叶片变色,缺磷整株叶片呈暗绿色,有时出现紫斑或灰斑。缺镁和铁,会引起植物失绿、白化和黄叶等。不同的是缺镁时,首先在老叶的叶脉间发生缺绿病,而缺铁则是在较嫩的叶片上发生。碱性土壤由于影响植物对铁的吸收作用,常常发生植物黄化,见图6-1。缺锰,叶肉黄

图6-1　万寿菊叶片黄化

化并形成黄色小斑点。叶片受寒害后,叶面常有褐色、白色、黄色斑点或坏死斑,越冬植株叶片常出现该病症;日灼也易造成叶片黄褐色斑点。

（2）**叶尖、叶缘枯焦**　光照太强、浇水过多或空气太干燥易导致幼叶叶尖枯焦。如果幼叶正常,老叶叶缘枯焦,是施肥太多或浇水不当造成的。

（3）**叶子边缘卷曲**　空气过于干燥,叶子边缘卷曲。由于光照不足、空气干燥、盆土

养分不足等原因易引起叶子细长、脆嫩,边缘发黄变焦而脱落,植株下部叶片卷曲,新生叶片长不大,是光照过多造成的。

(4)**叶片局部坏死** 夏季的高温常使得土壤表面的温度达到灼伤幼苗的程度,受地表灼伤后的幼苗常表现侵染性的立枯病、猝倒病类似症状,但是灼伤苗仅根颈部有灼伤的病斑,而根系完好,无腐烂现象,日灼或干旱常造成植株局部坏死,产生枯死斑点,见图6-2。缺少营养元素硼也会使嫩叶基部腐败坏死。

图6-2　金光菊高温灼伤

(5)**落叶、落花和落蕾(果)** 湿度、光照强度骤变会造成落叶、落花和落蕾(果)。养分不足、花芽分化后,浇水不当,土壤湿度变化大、昼夜温差过大时都易引起落花和落蕾(果)。

(6)**孕蕾、开花少** 氮肥过多易造成植株徒长、孕蕾开花少。植株株型密闭,过密枝、重叠枝多,光照不均匀,影响花芽分化。不修剪或修剪不合理也易造成植株孕蕾开花少。肥料不足,尤其是孕蕾期磷、钾肥少,也是导致孕蕾少的原因。

(7)**萎蔫** 植株浇水不足,枝叶萎蔫,幼叶变黄,叶尖呈黄褐色,下部叶片卷曲萎黄,严重的颜色变暗且逐渐霉烂或不断脱落。相反,如果盆上积水,植株根系缺氧,影响呼吸作用和根系吸水,植株也会产生萎蔫。

(8)**矮化、徒长、小叶或小果** 缺少营养元素镁、硫,植株会出现矮化现象。缺氮叶片、果实变小,但氮太多会引起植株的徒长。光照不足易引起枝条纤细徒长,节间较长,叶片瘦弱、大而薄、颜色发淡。植株徒长见图6-3。浇水后叶片易萎蔫,新叶少而小,是多年未换盆或花盆过小造成营养条件和水分不足造成的。

图6-3 矮牵牛枝条徒长

生理性病害主要由于环境不适及栽培管理不当所引起的,因此要加强田间的人工管理,尽量使其在适宜的温度、湿度、养分、光照条件下生长,减少生理性病害的发生。

2. 常见病理性病害及其防治

由病原物或寄生物引起的病害称为病理性病害。一二年生草花常见病理性病害主要有:

（1）**白粉病**

【寄主】主要受害花卉有非洲菊、百日草、菊花、美女樱、福禄考、秋海棠、银边翠、凤仙花、波斯菊、三色堇、金盏菊、虞美人、飞燕草。

【症状】主要发生在叶片上,严重时可危害叶柄、嫩茎及花蕾,受害部分的表面长出一层白色粉状物,即为无性世代的分生孢子,白色粉状物为本病病征。严重感病的植株,叶片和嫩梢扭曲、卷缩、萎蔫、生长停滞、发育不良、花朵变小,不仅影响观赏,而且还会使植株矮化,提早凋谢,甚至整株死亡。

【防治方法】创造有利的生长环境,种植或放盆不能过密,少施用氮肥,增施磷、钾肥,浇水不宜过多。发现病叶或病株后要及时清除,集中深埋或烧毁。发病初期喷洒15%三唑酮可湿性粉剂2 000~3 000倍液,或70%甲基硫菌灵可湿性粉剂1 000~1 200倍液,或25%多菌灵可湿性粉剂500~600倍液。甲基硫菌灵持效期长,可隔20~25天喷1次。

(2)立枯病

【寄主】主要危害一二年生草花的幼苗或刚进入成株期的小苗。

【症状】病菌侵染幼苗根部和茎基部,受害部位扩展,缢缩下陷呈棕褐色,扩展后组织腐烂,如幼苗刚出土表现为猝倒,茎已半木质化或木质化表现为病株直立枯死,还可成片迅速死亡。典型症状是腐烂、猝倒、立枯。

【防治方法】合理浇水与施肥,土壤不宜过湿,氮肥不宜过多,注意通风透光,坚持轮作,不使用旧床木,种植密度不宜过大。做好种子的消毒工作。1%福尔马林溶液处理土壤,可喷施65%代森锌可湿性粉剂600倍液预防,发病初期喷洒50%多菌灵可湿性粉剂,或75%百菌清可湿性粉剂600~800倍液。发病初期用50%代森铵可湿性粉剂300~400倍液浇灌根部也有效。

(3)炭疽病

【寄主】主要受害花卉为菊花、长春花、鸡冠花、吉祥草、秋海棠等。

【症状】发病初期叶片上出现圆形或不规则的红褐色斑点,以后变成黑褐色的晕圈,再扩展汇合成大斑块,呈灰白色,病健组织交界处有不规则的黑色带,中部稍凹陷,边缘稍隆起,斑面多具轮纹的叶斑,后期病斑萎缩,凹陷并出现许多黑色小点,严重时叶片呈黑色,并干枯脱落。

【防治方法】加强环境卫生及养护工作。发现病株要及时拔除和烧毁,盆花适宜放置在通风透光处,氮肥不能过施或偏施,适当增施磷、钾肥。及早喷药预防控制,喷洒65%代森锌可湿性粉剂800倍液进行预防。发病初期喷洒50%多菌灵可湿性粉剂800~1 000倍液,或80%炭疽福美可湿性粉剂500~800倍液,或30%氟菌唑可湿性粉剂2 000倍液,或等量式波尔多液等,均会有良好的防治效果。隔7~10天喷药1次,连喷2~3次。

(4)叶斑病

【寄主】主要受害花卉为紫罗兰、菊花、月见草、瓜叶菊、唐菖蒲、秋海棠、康乃馨等,绝大部分为二年生草本花卉。

【症状】发病多从中下部开始,初为淡绿色小圆斑,后形成圆形或不规则的褐色或赤褐色病斑,见图6-4。斑点有圆形、椭圆形、菱形、不规则形,颜色有黑、褐、紫、黄、白等,斑面上出现云纹或轮纹,分界明显或不明显,黄晕有或无,病征有霉层和小黑粒,严重时整张叶片布满病斑,直至干枯脱落。有时还侵害花和花梗。

图6-4 万寿菊叶斑病

【防治方法】搞好田间卫生,及时清除病残叶片并立即烧毁。合理施肥,增施磷、钾肥。适度浇水,盆土不宜过湿,做好棚室的通风透光工作。提高植株自身的抗逆性,做好夏冬的养护,夏季防日灼,冬季防冻害。发病初期喷洒50%多菌灵可湿性粉剂600~1 000倍液,或75%百菌清可湿性粉剂600~800倍液,或75%甲基硫菌灵可湿性粉剂800~1 000倍液,或65%代森锌可湿性粉剂600~800倍液,或25%丙环唑乳油2 500倍液采用交替或混合施药的原则。

(5)灰霉病

【寄主】主要受害花卉为凤仙花、天竺葵、百合、紫罗兰、万寿菊、一串红、孔雀草、瓜叶菊、矮牵牛、雏菊、长春花、金盏菊、飞燕草、瓜叶菊、报春花、花毛莨、海棠等。

【症状】主要侵染花卉的叶片或花朵,发病初期叶片出现水渍状的黄绿色或深绿色病斑,稍有下陷,后逐渐扩大变褐腐败。花蕾受害后,除变褐色外还会枯萎。总之造成叶腐或花腐。发病后期湿度大时,发病部位产生灰色霉层、软腐或布满尘土状的霉层,见图6-5。这点为本病的主要特征。

图6-5 海棠灰霉病

【防治方法】尽可能用新土或消毒土,及时清除病叶和病株,并要集中烧毁,注意通风透光。浇水勿过量,叶面上要避免沾水,及时排除积水,以降低湿度。合理施肥,氮肥不能施得过多。发病初期喷洒75%百菌清可湿性粉剂800倍液,或50%多菌灵可湿性粉剂800~1 000倍液,或50%代森铵可湿性粉剂800~1 000倍液,也可喷1:1:(120~160)的波尔多液,或50%速克灵可湿性粉剂1 000~2 000倍液喷雾。喷药时要交替使用,喷药前宜先收集烧毁病部再喷药。

(6)叶枯病

【寄主】主要受害花卉有月季、百合、菊花、金鱼草、万寿菊等。

【症状】多从叶缘、叶尖侵染发生,病斑由小到大呈不规则状,红褐色至灰褐色,病斑连片成大枯斑,病斑边缘有一较病斑深的带,病健界限明显。发病初多从中下部开始,初为淡绿色小圆斑,后形成圆形或不规则的褐色或赤褐色病斑。斑点有圆形、椭圆形、菱形、不规则形,颜色有黑、褐、紫、黄、白等,斑面上出现云纹或轮纹,分界明显或不明显,黄晕有或无,病征有霉层和小黑粒,严重时整张叶片布满病斑,直至干枯脱落,见图6-6。有时还侵害花和花梗。后期在病斑上产生一些黑色小粒点病叶初期先变黄,黄色部分逐渐变褐色坏死。

图6-6 万寿菊叶枯病

【防治方法】秋季彻底清除病落叶,并集中烧毁,减少翌年的侵染来源。加强栽培管理,控制病害的发生。发病初期,每隔10天喷洒50%甲基硫菌灵可湿性粉剂500~800

倍液,或50%多菌灵可湿性粉剂1 000倍液,或40%多菌灵胶悬剂600~800倍液,或50%苯莱特可湿性粉剂1 000~1 500倍液,或65%代森锌可湿性粉剂500倍液。

(7)锈病

【寄主】主要受害花卉为向日葵、雁来红、半边莲、紫罗兰、菊花、石竹。

【症状】主要危害叶片,有的还危害花茎、花梗和花蕾,初现褪绿的黄白色小疱斑。随着病情的发展,疱斑逐渐隆起增大,颜色加深,以至疱斑破裂,散出锈粉(橙色的夏孢子堆),最后叶片枯焦,严重时叶片全是病斑,导致早期枯死。

【防治方法】合理浇水与施肥,注意通风透光,发现病叶和病株后,要及时清除烧毁。生长期间喷药加以保护,可喷洒60%代森锌可湿性粉剂600倍液进行预防,发病初期喷洒50%多菌灵可湿性粉剂,或50%甲基硫菌灵可湿性粉剂,或75%百菌清可湿性粉剂600~800倍液。锈病发生后还可喷洒97%敌锈钠250~300倍液,或25%三唑酮可湿性粉剂1 500~2 500倍液。对白粉病有效的药剂对锈病也有效,可以喷用。

(8)黑斑病

【寄主】主要受害花卉为百日草、鸡冠花、除虫菊、石竹、向日葵。

【症状】主要危害叶片,发病初期叶片上出现紫褐色或褐色小斑点,后逐渐扩大变成黑色圆斑或不规则的轮纹斑,使叶片干枯脱落,严重时还会使整个枝条枯死。

【防治方法】加强田间的清洁卫生,及时清除枯枝落叶,并立即烧毁。生长期间可喷洒60%代森锌可湿性粉剂600倍液进行保护和预防;或于发病初期喷洒50%多菌灵可湿性粉剂,或50%甲基硫菌灵可湿性粉剂500~600倍液,或25%丙环唑乳油2 500倍液均有良好的防治效果。

(9)花叶病

【寄主】主要受害花卉为飞燕草、银莲花、一串红、矮牵牛、百日草。

【症状】叶片出现黄绿相间的花斑,有时凹凸不平,叶片皱缩有褪绿斑,新长出的叶片多少有些畸形。植株矮化丛生,有的花穗变短。

【防治方法】选择耐病和抗病的优良品种,严格挑选健康无病种株作繁殖材料。清洁田园与周围环境,及时拔除病株并烧毁。消灭具有传染源的刺吸式口器的蚜虫、粉虱等传毒昆虫。接触过病毒材料的工具和用品,要用肥皂水洗净,消毒后才能接触健株,以防人为传染。搞好土壤消毒,铲除杂草,注意通风透光,合理施肥浇水,都可以减轻病毒病的危害,促进花卉健壮生长。

(10)细菌性病害

【寄主】主要受害花卉为桂竹香、飞燕草、凤仙花、瓜叶菊等。

【症状】细菌性病害是由细菌病菌侵染所致的病害,如软腐病(图6-7)、溃疡病、枯萎病(图6-8)等。侵害植物的细菌都是杆状菌,可通过自然孔口和伤口侵入,借流水、雨水、昆虫等传播,在病残体、种子、土壤中过冬,在高温、高湿条件下容易发病。症状表现为萎蔫、腐烂、穿孔等,发病后期遇潮湿天气,在病害部位溢出细菌黏液,是细菌病害的特征。

图6-7 细菌性软腐病

图6-8 细菌性枯萎病

【防治方法】花卉繁殖器官的贮藏室内必须保持干燥、通风和低温。种植前要严格挑选健全无病的植株,并用72%农用链霉素可溶性粉剂2 000～2 500倍液进行消毒。生长季节要及时剪除病叶,拔除病株。要及时施用杀虫剂防治钻心虫和其他地下害虫,以减少细菌从伤口侵染的机会。发病后及时用70%敌磺钠可湿性粉剂600～800倍液浇灌病株根际土壤。进行切花的工具,最好用0.5%高锰酸钾溶液进行消毒。

(11) 霜霉病

【寄主】主要受害花卉为月季、万寿菊、凤仙花等。

【症状】从幼苗到开花结果期都会发病,危害叶片、嫩梢、花梗和花(图6-9)。危害叶片时,发病初期在叶面形成浅黄色近圆形至多角形病斑,空气潮湿时叶背产生霜状霉层,严重时全部外叶枯黄死亡。危害茎和花梗时,茎扭曲畸形,开花少或不开花。

图6-9　万寿菊霜霉病

【防治方法】选用抗病良种。播种前进行种子消毒处理,浸种药剂有70%甲基硫菌灵可湿性粉剂800倍液,或58%甲霜灵锰锌可湿性粉剂600倍液。发病初期,可喷洒75%百菌清可湿性粉剂600倍液,或70%代森锰锌可湿性粉剂600倍液,或58%甲霜灵锰锌可湿性粉剂500倍液,或90%疫霜灵可湿性粉剂400倍液。喷雾时应尽量把药液喷到基部叶背。

（12）**病毒病**

【寄主】主要受害花卉为万寿菊、翠菊、金盏花、天人菊、瓜叶菊、鸡冠花、报春花、三色堇、矮牵牛、长春花、观赏辣椒、金鱼草。

【症状】为全株性病害，被害植株的症状有花叶、卷叶、皱叶、畸形、扭曲、萎缩、丛生、黄化、矮化、圆斑、环斑、枯斑等，见图6-10，在叶脉间散布有灰白色的条纹、圆形斑、坏死斑等。

图6-10　万寿菊病毒病

【防治方法】加强检疫工作，严格采用无病毒的繁殖材料。及时拔除病株并立即烧毁，以减少病原。先要恶化传毒昆虫的滋生场所，及时做好蚜虫、叶蝉、白粉虱等带毒昆虫的药杀、诱杀等防治工作。加强栽培管理，增强抗病能力。农事操作前后要用肥皂水洗手和洗刷工具，以减少摩擦传毒。每隔5~7天喷施1次高锰酸钾溶液1 000倍液，连2~3次。

（13）**根结线虫病**

【寄主】主要受害花卉为万寿菊、麦秆菊、四季海棠、天竺葵、凤仙花、金鱼草、一串红、百日红、鸡冠花等。

【症状】种子未出土前，就已经发生烂种、烂芽，病部水渍状腐烂，有臭味，灰褐色病斑上有黑色粒状物,引起植株矮化和根部腐烂。采用无病壮苗进行种植,及时去除杂草病株。植株上盆前可用3%克百威(呋喃丹)颗粒剂30倍液浸根30分。该线虫主要侵染植物的根部,在主根和侧根上形成许多圆形的瘤状物,有的单生,有的串生,如小米或绿豆大小。这些根瘤初为黄白色,表面光滑,以后变成褐色,表面粗糙。切开根瘤可见内部有乳白色发亮的点粒。

（14）茎腐病

【寄主】主要受害花卉为翠菊、凤仙花、万寿菊、海棠、长春花等。

【症状】主要危害茎基部或地下主侧根,病部开始为暗褐色(图6-11),以后绕茎基部扩展一周,使皮层腐烂,地上部叶片变黄、萎蔫,后期整株枯死,病部表面常形成黑褐色大小不一的菌核。

图6-11 海棠茎腐病

【防治方法】加强栽培管理,合理施肥,合理密植,降低土壤湿度等措施可以使植株健壮,将病枝剪下集中烧毁,消除病原,减少茎腐病。发病初期分别在易发病的品种上喷施38%恶霜灵嘧菌酯水剂1 000倍液,或30%甲霜恶霉灵水剂800倍液,或50%福美双可湿性粉剂500倍药液。

（15）猝倒病

【寄主】主要危害一串红、鸡冠花、凤仙花、翠菊、三色堇、矮牵牛、百日草等。

【症状】在育苗期易发生猝倒病。幼苗大多从茎基部感病，初为水渍状，并很快扩展。出苗前染病引起烂种。幼苗期染病茎或根产生水渍状病变，病部黄褐色，缢缩，常向植株上下扩展，致幼茎呈线状，该病扩展迅速，有时一夜之间成片幼苗猝倒在畦面上，湿度大时病部附近或土面上长出白色棉毛状霉。

【防治方法】预防为主，及时检查，发现病苗立即拔除。可喷洒72%霜脲氰可湿性粉剂，或61%乙磷锰锌可湿粉剂500倍液，或69%烯酰吗啉可湿性粉剂900倍液，或58%甲霜灵锰锌可湿性粉剂800倍液，或72.2%霜霉威水剂400倍液，或15%恶霉灵水剂450倍液，或50%立枯净可湿性粉剂900倍液，每平方米喷施药液2~3升。

（16）根腐病

【寄主】多数一二年生草花都会受到危害。

【症状】主要危害根部，初期仅个别须根感病，逐渐扩展到主根，随腐烂程度的加重，地上部叶片出现萎蔫，症状轻时萎蔫可恢复。病害加重时，根系吸水受到严重阻碍，萎蔫不能恢复。

【防治方法】防止育苗环境低温高湿和光照不足。发现病叶或病株后要及时清除，集中深埋或烧毁。种子与栽培基质可用恶霉灵提前进行消毒，浓度分别为800~1 000倍液与1 200~1 500倍液；发病初期可用50%多菌灵可湿性粉剂60~800倍液，或50%代森铵可湿性粉剂300~400倍液喷施或灌根，也可二者混合使用。栽后可定期喷施波尔多液预防发病。

（17）轮纹病

【寄主】主要危害鸡冠花、天竺葵、翠菊等。

【症状】初期在叶片上出现圆形至近圆形的褪绿色病斑，边缘不整齐，扩大后呈不规则形。当部分病斑发展到叶脉时，病害加剧，以叶脉为顶端，呈"V"字形枯萎。发展过程中的病斑，叶脉部位呈红褐色，周围是暗绿色至黄绿色，内部呈褐色或暗褐色，不久后呈轮纹状，形成许多小粒黑点。严重时病斑融合致叶片枯死。

【防治方法】合理密植，注意通风透气。合理施肥，增施磷、钾肥，提高植株抗病力。适时灌溉，雨后及时排水，防止湿气滞留。发病初期喷洒75%百菌清可湿性粉剂600倍液，或70%代森锰锌可湿性粉剂500倍液，每隔10~15天喷1次。连续喷2~3次。

（二）一二年生草花常见虫害及防治技术

某些昆虫或蜘蛛纲动物所引起的花木体的破坏或死亡称为花卉虫害。根据害虫口器种类分为咀嚼式口器和刺吸式口器。

1. 咀嚼式口器害虫

具有此种口器的害虫,其典型的危害症状是构成各种形式的机械损伤。

(1) 小地老虎

【受害花卉】凤仙花、菊花、一串红、鱼尾菊、雏菊、万寿菊、孔雀草、羽衣甘蓝等多种一二年生草花幼苗。

【症状】以蛹和老熟幼虫在土中越冬,成虫有趋光性和趋化性。卵产在杂草、幼苗、落叶叶背和土缝中。幼虫长大分散后,白天潜入土中,夜晚出土活动,咬断幼苗并拖入土穴内食用,使整株死亡,严重时甚至毁种,需要重播,有的还危害种子、球根以及花木的根部。

【防治方法】加强田间管理,及时清除杂草,清晨检查苗地,见有断苗时,就在附近寻迹捕杀幼虫。用黑光灯或糖醋液诱杀成虫。搞好土壤卫生,进行土壤消毒,及时翻土,寻找幼虫,并立即杀灭。在田间堆放杂草、菜叶、树叶等进行诱杀。

(2) 铜绿金龟子

【受害花卉】大丽花、石竹等。

【症状】金龟子的幼虫叫蛴螬,虫体乳白色,圆筒形,整个身体呈现"C"字形蜷曲,体背隆起、多皱。1年发生1代。在我国危害园林花木的蛴螬主要有20多种,它们分布广,食性杂,危害严重。长年生活于有机质较多的土壤中,危害植物的根和茎,将根部咬断,使得幼苗枯死。蛴螬的成虫金龟子危害园林花卉的花、叶、芽及果实。以成虫或老熟幼虫在土壤中越冬,成虫有假死性、趋光性和喜湿性。

【防治方法】用黑光灯诱杀成虫。虫害不严重的花圃,利用金龟子的假死性,在夜晚、早晨或白天,人工振枝进行捕杀。搞好土壤卫生,用2.5%敌百虫粉剂对土壤消毒,及时翻耕土壤,寻找土中幼虫并立即杀死。大量发生时,要及时喷药防治,常用50%马拉硫磷乳剂800~1 000倍液,或40%氧乐果乳油与50%杀螟硫磷乳剂1 000倍液喷洒或浇灌根部,都会有良好的防治效果。

(3) 菜白蝶

【受害花卉】一串红、旱金莲、羽衣甘蓝、醉蝶花、大丽花等,危害一二年生草本花卉和宿根、球根等多种花卉。

【症状】各地1年发生1~8代,世代重叠突出,是全变态昆虫,以蛹越冬,成虫在白天活动。卵多产在叶片背面,幼虫咬食芽、叶、花蕾和花,使叶片成孔洞和缺刻,严重时能将叶片吃光,只剩叶柄和叶脉。苗期受害后容易造成全株死亡,春、夏季的危害最严重。

【防治方法】及时清除花坛、大棚、苗圃等处的杂草、枯枝和残株,消灭各代蛹和越冬蛹,以减少虫源。幼虫发生时,使用苏云金杆菌乳剂(每毫克含2 500国际单位)、苏云金杆菌生物制剂500~1 000倍液毒杀幼虫。其幼虫很容易被人发现,当数量不多时可人工捕杀,也可用镊子夹除。保护和利用菜白蝶的天敌白粉蝶绒茧蜂、凤蝶金小蜂、姬蜂以及多角体病毒等杀灭菜白蝶。在苗圃地、塑料棚等处点灯或设黄色粘虫板捕杀成虫。

（4）潜叶蝇

【受害花卉】翠菊、万寿菊、百日草、瓜叶菊、非洲菊、矮牵牛、花毛茛、金盏菊、雏菊、松果菊、向日葵、大波斯菊、一串红、薄荷、石竹、满天星、报春花、大岩桐、鸡冠花、虞美人、羽衣甘蓝、金鱼草、凤仙等。

【症状】以幼虫危害植物叶片,幼虫往往钻入叶片组织中,潜食叶肉组织,造成叶片呈现不规则白色条斑(图6-12),使叶片逐渐枯黄,造成叶片内叶绿素分解,叶片中糖分降低,危害严重时被害植株叶黄脱落,甚至死苗。

图6-12 潜叶蝇危害症状

【防治方法】适时灌溉,清除杂草,消灭越冬、越夏虫源,降低虫口基数。及时喷药防治成虫,防止成虫产卵。可用75%灭蝇胺可湿性粉剂3 000~5 000倍液,或5%氟啶尿乳油2 000倍液,或48%毒死蜱乳油1 000倍液,或10%氯菊酯乳油2 000~3 000倍液喷施。

（5）蛞蝓

【受害花卉】菊花、一串红、铁线蕨等。

【症状】主要啃食幼嫩叶片,使叶片产生孔洞,严重时食成网眼状。排泄物易污染,引发病菌侵入,造成植株腐烂。一年繁殖2次,春季在4~5月,秋季以10月为盛,7月高温期,潜入根际土下越夏。10月产卵,11月以幼体和成体在植株根部附近土壤中越冬。

【防治方法】在4~5月间清园除草,并进行堆草诱杀。撒施生石灰粉,每亩用量5~7千克,可有效防除蛞蝓。也可用菜籽饼7.5~10千克,碾碎后加水70~100千克浸泡1昼夜后滤渣喷雾。在蛞蝓危害期,用3.3%四聚乙醛与5%砷酸钙混合剂,加适量细土拌匀,于傍晚撒施。

2. 刺吸式口器害虫

如蚜虫、介壳虫等,其口器能刺入组织内,吸取植物的汁液,常使植株呈现褪色的斑点,叶片等卷曲、皱缩、枯萎或畸形。或因局部组织受刺激,使细胞增生、形成局部膨大的虫瘿。

(1) 白粉虱

【受害花卉】瓜叶菊、灯笼花、大丽菊、旱金莲、一串红、天竺葵、洋蝴蝶、虾衣草、绣球、洋金花、甜菊、万寿菊类。

【症状】干旱环境下易发生,用锉吸式口器锉吸叶片和花的汁液,被害叶片上有许多灰白色的斑痕,严重时叶片扭曲、卷缩成水饺状,降低或失去观赏价值。一般在清晨和傍晚危害,强日照时在花内和叶背潜伏。

【防治方法】加强养护管理,合理修剪和疏枝,保持苗圃和苗床通风透光。保护和利用天敌中华草蛉、丽蚜小蜂、瓢虫等进行防治,用黄色塑料板,涂上油、凡士林、黏胶诱粘成虫。在温室或塑料大棚内,可用8%敌敌畏乳油熏蒸。严重时可用50%马拉硫磷乳油1 000~1 500倍液,或40%氧乐果乳油1 500~2 000倍液,或2.5%溴氰菊酯乳油2 500倍液,进行喷洒。

【受害花卉】大多数一二年生草花均会受害。

(2) 蓟马

【症状】为小型害虫,体长约为1毫米,雄虫黄色,口器锉吸式,雌虫善飞,1年发生6~12代。主要以成虫在叶鞘内侧、杂草上、土块下、枯枝落叶内越冬,卵产在嫩叶表皮下、叶脉内和花内。干旱年份发生严重,用锉吸式口器锉吸叶片和花的汁液,被害叶片上有许多灰白色的斑痕,严重时叶片扭曲、卷缩成水饺状(图6-13),降低或失去观赏价值。一般在清晨和傍

图6-13 蓟马危害症状

晚危害,强日照时在花内和叶背潜伏,常是两种一起混合危害,还能传播病毒病。

【防治方法】平时和越冬时节,结合积肥,清洁苗圃和田园,铲除杂草和清除枯枝落叶,以减少虫源。用黏合剂进行人工诱杀。发生严重时,可用10%醚菊酯悬浮剂2 000倍液,或40%乐果乳油1 500倍液,或50%杀螟硫磷乳油1 000倍液,或2.5%鱼藤酮乳油1 000倍液喷雾,均有良好的防治效果。

(3) 蚜虫

【受害花卉】牵牛花、大丽花、鱼尾菊、香石竹、仙客来、菊花、鸡冠花、鸢尾、郁金香、海棠、金鱼草、蜀葵。

【症状】小型昆虫,1年发生10~20代。成蚜和若蚜群集在叶片、嫩茎、顶芽、花蕾、嫩果上吸取汁液危害,致使被害器官生长停滞,使叶片畸形、卷曲、皱缩,最后干枯脱落,甚至使整株死亡。在危害的同时,还排出大量的蜜露(图6-14),进而导致煤污病的发生,除影响光合作用外,还降低观赏价值,同时还传播多种病毒病。

【防治方法】盆栽花卉上零星发生蚜虫危害时,可用毛笔蘸水刷除。蚜虫对黄色有较强的趋向性,利用黄塑料板,涂上有

图6-14 蚜虫危害症状

机油或捕鼠胶进行诱杀。对蚜虫的天敌应加以人工助迁和保护。蚜虫的寄生性天敌有蚜小蜂和日光蜂,捕食性天敌有草蛉、七星瓢虫、异色瓢虫、龟纹瓢虫等。蚜虫数量多时,要及时喷药防治,常用的药剂有50%灭蚜硫磷乳油1 000倍液,或50%辛硫磷乳油1 000~1 500倍液,或50%抗蚜威可湿性粉剂2 000倍液,在初孵时期喷药效果最佳。

(4) 螨类

【受害花卉】向日葵、大丽花、小丽花、报春花、一串红、非洲菊、紫罗兰、鸡冠花、万寿菊、孔雀草、牵牛花、天竺葵。

【症状】俗称红蜘蛛,体小,口器刺吸式,体壁柔软,1年发生10~20代,以两性生殖为主。在高温干燥条件下,繁殖迅速,危害严重。以受精雌成螨在树皮、枝枯落叶或植株周围土缝中越冬,常聚生在叶背或幼嫩花蕾上吸取养分。有吐丝结网习性,粘有尘土,在网下吸取叶片汁液。叶片最初出现小斑点,以后变红、卷曲,严重影响花木的生长发育、开花结果以及观赏价值。

【防治方法】种植不宜过密,保持通风透光。要结合修剪,剪除虫枝并集中烧毁。冬季要清理杂草落叶。对天敌瓢虫、植须螨、草蛉、花蝽、塔六点蓟马等,要很好保护和利

用。发现螨害后,要及时用40%三氯杀螨醇乳油1 000～1 500倍液,或40%氧乐果乳油1 200～1 500倍液,或50%溴螨酯乳剂2 500倍液等在螨害初期喷施防治。为防产生抗药性,杀螨剂要交替轮换使用。发现盆花的个别叶片上有螨虫时,除应及时摘除叶片外,还应将螨虫杀死。

(5)红蜘蛛

【寄主】多数一二年生草花均会受到危害。

【症状】红蜘蛛主要以卵或受精雌成螨在植物枝干裂缝、落叶以及根际周围浅土层土缝等处越冬。植物开始发芽生长时,越冬雌成螨开始活动危害。寄主受害越重,营养状况越坏,越冬螨出现得越早。展叶以后转到叶片上危害,先在叶片背面主脉两侧危害,逐渐遍布整个叶片。一年发生7～8代,每年3～4月开始危害,6～7月危害严重。

【防治方法】要经常对植株进行观察,在气温高、湿度大、通风不良的情况下,红蜘蛛繁殖极快,可以造成严重损失。危害初期可喷洒1.8%阿维菌素乳油2 000～3 000倍液,15%哒螨灵乳油1 000～2 000倍液,73%克螨特乳油2 000～3 000倍液,每隔10天1次,连续2～3次可达到防治效果。

(三)常用农药及合理使用

农药是在农业生产中,为保障、促进植物和农作物的生长,所施用的杀虫、杀菌、杀灭有害动物(或杂草)的一类药物的统称。

根据防治对象可分为杀虫剂、杀菌剂、杀螨剂、杀线虫剂、杀鼠剂、除草剂、脱叶剂、植物生长调节剂等。根据加工剂型可分为粉剂、可湿性粉剂、可溶性粉剂、乳剂、乳油、浓乳剂、乳膏、糊剂、胶体剂、熏烟剂、熏蒸剂、烟雾剂、油剂、颗粒剂、微粒剂等。在一二年生草花生产中常用的农药种类有:

1. 杀菌剂

(1)波尔多液 高效、低毒的广谱性杀菌剂。波尔多液喷施后,覆盖于植物表面,形成较为牢固的保护膜,受到植物的分泌物、空气中二氧化碳等的作用,逐步游离出铜离子,铜离子进入病菌体内,使得细胞原生质凝固变形,使得病菌死亡,起到防病的作用。主要防治褐斑病、炭疽病及多种叶斑病。常用的波尔多液比例有:波尔多液石灰等量式(硫酸铜:生石灰=1:1)、倍量式(1:2)、半量式(1:0.5)和多量式[1:(3～5)]。用水一般为160～240倍。

【注意事项】波尔多液不能贮存,要随配随用;阴天或露水未干前不喷药,喷药后遇雨重喷;不能与肥皂、石硫合剂以及遇弱碱即分解的农药混用。

(2)石硫合剂 喷洒在植物体表后,与空气中的氧气、水分、二氧化碳等接触,经过一系列化学变化,产生微细硫黄沉淀及少量的硫化氢,从而发挥杀菌、杀虫和杀螨作用。同时,石硫合剂呈碱性,能腐蚀昆虫表皮蜡质层,因此对具有较厚蜡质层的蚧类、卵和一些害虫也有较好的防效,残效期一般为 10~14 天。主要用于园林作物多种病害、螨类及蚧类防治。主要剂型有 29% 水剂,45% 结晶,45% 固体。对螨类、蚧类防治:早春用 45% 水剂 150~180 倍液,晚秋用 300~500 倍液;对白粉病防治用 150 倍液喷雾。

【注意事项】石硫合剂不宜与其他乳剂农药混用,禁忌与容易分解的有机合成农药混用,不宜与砷酸铅及含锰、铁等治疗元素贫乏病的微量元素混用。不能与忌碱性的药剂混用,也不能和波尔多液混用,在用过石硫合剂的植物上间隔 7 天后,才能使用波尔多液等碱性农药。

(3)高锰酸钾 高锰酸钾属无机杀菌剂,为紫色至紫黑色结晶,易溶于水,是强氧化剂,具有腐蚀性。常用 0.5%~1.0% 溶液作表面消毒用,用 0.3% 溶液作浸苗用,用 0.5% 溶液喷苗防治立枯病,20 分后喷清水洗净苗上药水,用 0.5% 溶液浸种可防种子霉烂。

【注意事项】无

(4)碱式硫酸铜 该品属于无机杀菌剂,为波尔多液的换代产品,是碱式硫酸铜与钾、钙、镁、锌、铁、硼等多种元素的混合悬浮剂,是兼有营养作用的保护性杀菌剂。对人、畜及天敌动物安全,不污染环境。一般使用 30% 悬浮剂稀释 400~500 倍液喷雾。

【注意事项】无

(5)代森锌 代森锌是有机硫杀菌剂,略有臭鸡蛋味,不溶于水,但吸湿性强。广谱性保护剂,对多种霜霉病菌、炭疽病菌等有较强的触杀作用,对植物安全。代森锌的药效期较短,残效期约 7 天。常见剂型有 65%、80% 可湿性粉剂,常用浓度分别为 500 倍和800 倍。用 65% 代森锌可湿性粉剂 400~600 倍液喷雾,可防治多种花木上的炭疽病、黑斑病、褐斑病、白斑病、叶霉病、霜霉病、灰霉病、缩叶病、锈病、细菌性穿孔病、疫病、轮纹病、立枯病、花腐病等多种病害,此药对白粉病的防治效果较差。

【注意事项】代森锌不能和碱性药剂混用,也不能与含铜制剂混用。代森锌毒性低,对人、畜无毒。

(6)代森锰锌 本品属于高效、低毒、低残留、广谱保护性杀菌剂,对于霜霉病、疫病、炭疽病及各种叶斑病有效。对人、畜低毒。常见剂型有 25% 悬浮剂,70% 可湿性粉剂,70% 胶干粉。在发病初期用 70% 可湿性粉剂 300~500 倍液,连续喷药 3~5 次。一般使用 25% 悬浮剂稀释 1 000~1 500 倍液。

【注意事项】不能与铜及强碱性药剂混用。

(7)甲基硫菌灵 本品属高效、低毒、低残留、内吸广谱性杀菌剂,具有内吸、预防、治疗作用。对多种植物的锈病、白粉病、菌核病、炭疽病、黑痘病有效。该品是低毒杀菌剂,对人、畜、鱼安全。常见的剂型有 50%、70% 可湿性粉剂,40% 悬浮剂,常用浓度为1 000~1 500 倍。

【注意事项】不能与含铜制剂混用,需在阴凉、干燥的地方贮存。

(8) 多菌灵 多菌灵是一种高效、低毒、低残留、内吸广谱性杀菌剂,具有保护和治疗作用,残效期7天。可以用来防治叶斑病、斑枯病、白粉病、灰斑病、炭疽病、茎腐病、立枯病等。其对植物生长有刺激作用,对温血动物、鱼、蜜蜂毒性低、安全。常见剂型有50%、25%可湿性粉剂,40%悬浮剂。可用于带菌种子的消毒,按药剂∶种子=1∶100的比例进行拌种处理。可湿性粉剂常用浓度是400~1 000倍液。

【注意事项】多菌灵对酸、碱不稳定,应贮存在阴凉、避光的地方,不能与铜制剂混用,与杀虫剂、杀螨剂混合用时要随混随用。

(9) 三唑酮 三唑酮属高效、低毒、低残留、内吸广谱性杀菌剂。主要防治园林作物白粉病、锈病。对鱼类、鸟类安全,对蜜蜂和天敌动物无害。常见剂型有15%、25%可湿性粉剂,20%乳油。发病初期用15%可湿性粉剂4 000~6 000倍液喷雾,连喷2~3次。

【注意事项】三唑酮易燃,应远离火源,用后密封,放阴凉、干燥处保存。使用浓度不宜过高,否则易引起药害。生产上安全间隔期为15~20天。

(10) 腐霉利 新型杀菌剂,具有保护、治疗双重作用。对灰霉病、菌核病等防治效果好。对人、畜低毒。常见剂型有50%可湿性粉剂、30%颗粒熏蒸剂、25%流动性粉剂、25%悬浮剂。一般使用方法为50%可湿性粉剂稀释1 000~2 000倍液喷雾。

【注意事项】不宜与碱性药剂混用,亦不宜与有机磷农药混配。

(11) 百菌清 广谱性保护剂,药效稳定,残效长,耐雨水冲刷,对于霜霉病、疫病、炭疽病、锈病、白粉病及各种叶斑病有较好的防治效果。对人、畜低毒。常见剂型有50%、75%可湿性粉剂,10%油剂,5%、25%颗粒剂,2.5%、10%、30%烟雾剂,40%悬浮剂。一般使用75%可湿性粉剂稀释500~800倍液,40%悬浮剂稀释500~1 200倍液喷雾。

【注意事项】对皮肤、黏膜有刺激作用,不能与强碱性农药混用。对鱼类及甲壳类动物毒性较大,防止药液流入鱼塘。

(12) 腈菌唑 本品是一种杂环类杀菌剂,有较强的内吸性,具有高效、广谱、低毒等特点。对于子囊菌亚门、担子菌亚门、半知菌亚门病原菌引起的多种病害具有良好的预防和防治效果。该剂持效期长,对作物安全,有一定刺激作物生长作用,主要用于白粉病的防治。常见剂型有40%、25%、12.5%、12%、6%、5%乳油。一般使用方法为12%乳油稀释3 000~4 000倍液喷雾。

【注意事项】贮存时应避开高温、火源及食物。本品如发生意外中毒,应立即转移到空气新鲜处,并根据中毒程度进行对症治疗。

(13) 嘧霉胺 本品是一种新型高效杀菌剂,对常用的非苯胺基嘧啶类杀菌剂已产生抗药性的灰霉病菌有效。具内吸、熏蒸作用,施药后迅速达到植株的花、幼果等喷雾无法达到的部位杀死病菌,药效更快、更稳定。该药通过抑制病菌侵染并杀死病菌。在发病前或发病初期施药,一般使用40%悬浮剂800~1 000倍液喷施,每隔7~10天用药1次,一个生长季节最多用4次。空气相对湿度低于65%,气温高于28℃时停止施药。

【注意事项】在温室和大棚中使用时,应注意通风,否则可能导致作物叶片出现褐色斑点。

(14)**恶霉灵** 属高效、低毒、内吸性杀菌剂,土壤消毒剂,对腐霉菌、镰孢菌等引起的猝倒病、立枯病等苗期病害有较好的预防效果。作为土壤消毒剂使用时,可通过与土壤中的铁、铝离子结合,抑制孢子萌发,达到土壤消毒的目的。恶霉灵常与福美双混配,用于种子消毒和土壤处理。对人、畜低毒。常见的剂型为15%、30%水剂,70%可湿性粉剂。一般使用15%水剂稀释800~1 000倍液进行苗床淋洗或灌根,移栽苗期可用4 000倍液根部浇灌。

【注意事项】在拌种处理时宜干拌,湿拌或闷拌都易引发药害,应忌用。生产上使用应严格控制用量,以防抑制作物生长。

(15)**丁咪酰胺** 高效、广谱、低毒,无内吸性,但具有良好的传导性能,具有良好的保护及铲除作用。对于子囊菌和半知菌引起的多种病害防效极佳。速效性好,残效期长。常见剂型为25%、45%乳油,45%乳剂。一般使用25%乳油稀释1 000~2 000倍液喷雾。各类病害发生初期用25%乳油500~1 000倍液喷雾,以后间隔7天喷1次,连喷2~3次。

【注意事项】此药对鱼有毒,不可污染鱼塘、河道或水沟。

(16)**丙环唑** 新型广谱内吸性杀菌剂,对白粉病、锈病、叶斑病和白绢病等有良好的防治效果,对霜霉病、疫霉病和腐霉病无效。对人、畜低毒。常见剂型有25%乳油、25%可湿性粉剂。一般使用方法为25%乳油加水稀释喷雾,保护性防治时为5 000倍液,治疗性防治时为2 500倍液。

【注意事项】可以和大多数酸性农药混配使用。

(17)**霜霉威** 内吸性杀菌剂,专用于防治卵菌病害,对于腐霉病、霜霉病、疫病有特效,对人、畜低毒。常见剂型有72.2%、66.5%水剂。一般使用方法为72.2%水剂稀释600~1 000倍液叶面喷雾,用于防治霜霉病。72.2%水剂稀释400~600倍液浇灌苗床、土壤,用于防治腐霉病及疫病。

【注意事项】为预防和延缓病菌抗病性,应注意与其他农药交替使用,每季喷洒次数最多3次。本品不可与呈强碱性的农药等物质混合使用。

(18)**链霉素** 链霉素属抗生素类杀菌剂,多为内吸性,具有治疗和保护作用。可防治多种植物的细菌性病害,如观赏植物的细菌性根癌病、软腐病等。可用于喷雾、注射、涂抹或灌根。常见制剂型是0.1%~8.5%粉剂,15%~20%可湿性粉剂,混合制剂。喷雾、注射浓度为100~400微克/克;灌根常用浓度为1 000~2 000微克/克。24%、40%、72%可溶性粉剂。在病害发生初期用72%可溶性粉剂2 000~2 500倍液喷雾,隔7~10天喷1次,连喷2~3次。

【注意事项】链霉素最好和其他抗生素、杀菌剂、杀虫剂混合使用,以达到兼治或提高药效的目的,并可避免病菌抗药性的产生。忌与碱性农药或碱性水混合使用。喷药8小时内遇雨应补喷。

2. 杀虫剂

(1)**马拉硫磷** 又名马拉松,马拉硫磷具有良好的触杀、胃毒和一定的熏蒸作用,无内吸作用。其毒性低,残效期短,对刺吸式口器和咀嚼式口器的害虫都有效。常用剂型为50%乳油,施于土壤中可以有效地防治地下害虫及白蚁,残效期可达15天以上。用1 000～2 000倍液喷雾,对蚜虫、介壳虫、蓟马、网蝽、叶蝉以及鳞翅目幼虫均有良好的效果。

【注意事项】不宜与酸性或碱性物质接触,不能用金属器皿装药剂,否则容易分解失效,对螨类、钻蛀害虫、土壤害虫防治效果较差。

(2)**辛硫磷** 具有触杀和胃毒作用,对人、畜低毒,可用于防治鳞翅目幼虫及蚜虫和螨虫等。常见剂型有3%、5%颗粒剂,25%微胶囊剂,50%、75%乳油。一般使用50%乳油1 000～1 500倍液喷雾或浇灌。5%颗粒剂30千克/公顷,防治地下害虫。

【注意事项】不能与碱性药剂混用,使用浓度不低于1 000倍,否则产生药害。

(3)**杀螟松** 胃毒、触杀、广谱性有机磷杀虫剂,渗透性较好,药效期较长。防治对象为食叶害虫,刺吸害虫,尤其对螟蛾类以及潜入叶内、卷叶内害虫防治效果好。常用剂型有50%乳油,2%、3%粉剂。50%乳油用1 000～1 500倍液喷雾。

【注意事项】不能与碱性药剂混用,不能用铁铜容器贮藏,使用时随配随用,放置过久影响药效,十字花科花卉对其敏感,要慎用。

(4)**丁硫克百威** 属于氨基甲酸酯类,对天敌和有益生物毒性较低,其杀伤力强,见效快,具有胃毒及触杀作用,对成虫及幼虫均有效。常见剂型有20%乳油,350克/升种子处理剂,5%颗粒剂,35%种子处理干粉剂等。20%乳油稀释1 500～3 000倍液喷雾。

【注意事项】本品不能与酸性或强碱性物质混用,但可与中性物质混用。

(5)**毒死蜱** 毒死蜱具有触杀、胃毒及熏蒸作用,对人、畜中毒,是一种广谱性杀虫剂,对鳞翅目幼虫、蚜虫、叶蝉及螨类效果好,也可用于防治地下害虫。常见剂型有40.7%、40%乳油,5%颗粒剂。一般使用40.7%乳油稀释1 000～2 000倍液喷雾或浇灌。在幼虫2～3期用40%毒死蜱乳油400～500倍液防治;对地下害虫防治每亩用5%毒死蜱颗粒剂1.8～3千克拌土撒施。

【注意事项】不能与碱性农药混用。

(6)**联苯菊酯** 对天敌的杀伤力低于敌敌畏等有机磷农药,但高于其他菊酯类农药。联苯菊酯具有触杀、胃毒作用,对人、畜中毒,可用于防治鳞翅目幼虫、蚜虫、叶蝉、粉虱和潜叶蛾等。常见剂型有2.5%、10%乳油,10%可湿性粉剂。一般使用10%乳油稀释

3 000～5 000倍液喷雾。

【注意事项】 杀卵效果差,必要时配合其他药剂。不与碱性药剂混用。交替使用,避免产生抗药性,对天敌杀伤力较重。

(7)**高效氯氰菊酯** 本品具有触杀和胃毒作用,杀虫谱广、击倒速度快,杀虫活性较氯氰菊酯高。适用于防治蚜虫、蜡蚧及各种鳞翅目害虫。在害虫低龄幼虫发生期用4.5%高效氯氰菊酯乳油1 500～2 500倍液喷雾。

【注意事项】 本品中毒后无特效解毒药,对鱼及其他水生生物高毒,应避免污染河流、湖泊、鱼塘。

(8)**除虫脲** 是一种几丁质合成抑制剂,妨碍昆虫顺利蜕皮变态,主要是胃毒和触杀作用。主要剂型为20%悬浮剂、25%可湿性粉剂、5%乳油。用20%悬浮剂稀释4 000～6 000倍液可防治松毛虫、天幕毛虫、尺蠖、美国白蛾、毒蛾等鳞翅目幼虫,也可防治木虱。

【注意事项】不可与碱性物质混用,以免分解失效。

(9)**噻嗪酮** 又名扑虱灵,是一种选择性昆虫生长调节剂,对同翅目害虫有特效,具有胃毒、触杀作用,主要通过抑制害虫几丁质合成,使若虫在脱皮过程中死亡。噻嗪酮具有药效高、残效期长、残留量低和对天敌较安全的特点,主要作用于若虫,具一定杀卵作用,对成虫效果差。主要剂型为25%乳油、25%可湿性粉剂、40%悬浮剂。用25%乳油稀释1 000倍液喷雾,可防治飞虱、叶蝉、粉虱和介壳虫等。

【注意事项】噻嗪酮不能用毒土法施药,不宜在十字花科植物上直接喷雾,否则将出现褐斑、绿叶白化等药害。

(10)**氟铃脲** 该品为广谱特异性杀虫剂,抑制壳多糖合成,主要为胃毒作用,兼具触杀作用,较其他同类型的药剂作用迅速。对鳞翅目幼虫效果好,对螨类无效,对人、畜无毒。主要制剂有5%乳油,一般使用5%乳油稀释2 000～3 000倍液喷雾。在各类害虫幼虫期用20%悬浮剂1 500～2 000倍液喷雾。

【注意事项】由于药效缓慢,施药时期应掌握在成虫卵期或幼虫低龄期。

(11)**灭幼脲** 该品为广谱特异性杀虫剂,抑制和破坏昆虫新表皮中几丁质的合成,从而使昆虫不能正常蜕皮而死。具有胃毒和触杀作用,迟效,一般药后3～4天药效明显。对人、畜低毒,对天敌安全,对鳞翅目幼虫有良好的防治效果。常见剂型有25%、50%悬浮剂。一般使用50%悬浮剂稀释1 000～2 500倍液,每公顷施药量120～150克有效成分。在鳞翅目害虫低龄期用25%悬浮剂2 000～2 500倍液喷雾。

【注意事项】在幼虫3龄前用药效果最好,田间残效期15～20天。灭幼脲悬浮剂有沉淀现象,使用时要摇匀后加水稀释,本品为迟效型,应在害虫发生早期使用,施药后3～4天始见效果;不能与碱性物质混合,对家蚕毒性强,养蚕区禁用。

(12)**吡虫啉** 新烟碱型超高效、低毒、内吸性杀虫剂,可干扰害虫运动神经系统,且具有较高的触杀和胃毒作用,具有速效、持效期长、对天敌安全等特点,对人、畜中毒。常见的剂型有10%、20%、25%可湿性粉剂,4%、5%、10%乳油。一般使用10%可湿性粉剂稀释2 000～4 000倍液喷雾。

【注意事项】不能与碱性药剂混用。不宜在强光下喷雾使用,以免降低药效。

(13)**阿维菌素** 新型抗生素类杀虫、杀螨剂,具触杀和胃毒作用,不能杀卵。对于鳞翅目、鞘翅目、同翅目、斑潜蝇及螨类高效,杀虫速度较慢,但持效期长,由于作用机制独特,因此害虫不易产生抗药性。常见剂型有1%、1.6%、1.8%乳油。一般使用1.8%乳油稀释1 000～3 000倍液喷雾。

【注意事项】该药杀虫、杀螨速度较慢,一般在施药后3天出现虫死高峰。对鱼类高毒,不要污染河流,不要在蜜蜂采蜜期施药。

(14)**苏云金杆菌** 又名Bt,该药剂是一种细菌性杀虫剂,杀虫的有效成分是细菌及其产生的毒素,属低毒杀虫剂。它可用于防治直翅目、鞘翅目、双翅目、膜翅目,特别是鳞翅目的多种害虫。该药剂可用于喷雾、喷粉、灌心,也可与低剂量的化学杀虫剂混用以提高防治效果。常见剂型为可湿性粉剂(100亿活芽孢/克)。如用100亿活芽孢/克的菌粉对水稀释2 000倍液喷雾,可防治多种鳞翅目幼虫。

【注意事项】主要用于防治鳞翅目害虫的幼虫,施用期一般比使用化学农药提前2～3天,对防治低龄幼虫效果好;不能与内吸性有机磷杀虫剂或杀菌剂混合使用;避免30℃以上高温及烈日下使用。本品应保存在低于25℃的干燥仓库中,防止暴晒和潮湿,以免变质。

(15)**苦参碱** 本品是天然植物性农药,对人、畜低毒,是广谱杀虫剂,具有触杀和胃毒作用。对园林植物鳞翅目食叶性害虫有很好的防治效果,对蚜虫也有一定的防效。在鳞翅目食叶性害虫幼虫期0.36%水剂1 000～1 500倍液喷防,速效性好;在蚜虫、红蜘蛛低龄若虫发生期用0.36%水剂150～450倍液喷雾,以整株树叶喷湿为宜,药效可持续7天左右。

【注意事项】严禁与碱性药剂混合使用。

3. 常用农药使用时注意事项

当植物发生病虫害时,最常用的防治方法是药剂防治。其优点是效果好、见效快、使用方法简单、受季节限制小、经济等。缺点是农药使用不当会引起人、畜中毒,破坏生态平衡,污染环境,杀伤天敌,造成药害,长期使用可使某些病虫产生抗药性等。合理使用农药,要特别注意以下几点:

在使用、运输、贮存农药时,必须严格遵守有关规定。农药使用前一定要认真阅读使用说明书,严格遵守使用配比浓度。

　　科学鉴定危害花卉的病虫害的准确名称,在此基础上才能正确选用农药的种类和确定使用的浓度,最后做到对症下药。

　　病虫在不同的生长发育阶段,其生活习性、对药剂的敏感程度及抗药力往往有很大差别,通常在有害生物发生的初期用药,防治效果较为理想。

　　适量用药主要是指准确地控制药液浓度、单位面积用药量和用药次数,不宜任意加大或减少。随意加大药量与喷药次数不仅浪费药剂,还可能出现药害,加重残留污染,杀伤天敌,甚至容易引起人、畜中毒事故;低于防治需要的用量标准,则达不到防治效果。

　　长期单纯使用同一种农药,易使害虫或病菌产生抗药性,降低防治效果,增加防治难度。

　　参加打药及配药人员,要做好一切安全防护措施,如穿戴好工作服、手套、口罩、风镜等劳保用品。

　　在施药时要注意天气变化,如刮风、下雨、高温炎热的中午不宜打药。大多数有机磷药剂在低温下效果不好,夏季中午又易产生药害。

七、常见一二年生草花生产技术

（一）矮牵牛

又名碧冬茄，为茄科碧冬茄属多年生草本植物，常作一二年生栽培。原产于南美洲阿根廷，现世界各地广泛栽培。

1. 简介

（1）**形态特征**　全株具粘毛，茎直立或匍匐。叶质柔软，卵形，全缘，近无柄，互生或对生。花单生，花冠漏斗状。花瓣边缘分为平瓣状、波状、锯齿状。花色丰富，有白色（图7-1）、黄色（图7-2）、粉色（图7-3）、红色、紫色（图7-4）、蓝色、亮玫红色（图7-5），另具双色（图7-6）、星状脉纹等。蒴果，种子细小，每克8 000～10 000粒。

图7-1　白色矮牵牛

图7-2 黄色矮牵牛

图7-3 粉色矮牵牛

图7-4　紫色矮牵牛

图7-5　亮玫红色矮牵牛

图 7 - 6　玫红白边矮牵牛

（2）**生长习性**　属长日照植物，喜温暖和阳光充足的环境，生长适温为 13～18℃。忌高温高湿，超过 35℃ 对植株生长不利。不耐霜冻，冬季温度低于 4℃，植株停止生长。北方夏季生长旺盛期，需充足水分，但南方梅雨季节又对矮牵牛生长不利，易徒长。花期雨水多，易褪色或腐烂。盆栽适用疏松肥沃、排水良好的微酸性基质，正常光照条件下，从播种至开花需 100 天左右。冬季温室内，低温短日照条件下，茎叶生长茂盛，着花困难。

（3）**现主要栽培品种**　目前国内主要栽培的矮牵牛品种多为国外进口 F_1 代杂交品种，主要品种简介如下：

1）梦幻系列（Dreams）　美国泛美种子公司培育。大花单瓣型品种，花径（花朵的水平直径）9～10 厘米，花量大，株高 18～20 厘米。株型低矮而紧凑，花色丰富艳丽，花期一致。极耐灰霉病，长势强，易栽培。种子质量高而稳定。

2）依格系列（Eagle）　日本坂田种苗公司培育。大花单瓣多花型品种，花径 8～10 厘米，颜色鲜艳，植株低矮 15～20 厘米，抗性强，不易徒长，冠幅 20～25 厘米，易栽培管理。

3）海市蜃楼系列（Mirage）　美国泛美种子公司培育。大花单瓣多花型品种，花径 7～9 厘米，株高 25～38 厘米，冠幅 38～45 厘米，多分枝，集大花与繁花于一身，花色齐全，具脉纹、星状、纯色和双色，适应性强。

4）梅林系列（Merlin）　日本坂田种苗公司培育。中花单瓣繁花型品种，花径约 6 厘米,株高20~25厘米,株型整齐紧凑,花期长,花量大。比大花型矮牵牛对气候的抗性更好,耐风吹抗雨打。

5)大地系列(Daddy) 美国泛美种子公司培育,大花单瓣品种,最畅销的带脉纹大花矮牵牛品种,也是唯一全部由脉纹品种组成的矮牵牛品种系列。花径10厘米,观赏性佳,开花早,有良好的盆栽习性。

6)地毯系列(Carpet) 美国伯爵种子公司培育。多花单瓣型品种,花径5厘米左右,花量大,分枝性强,株型紧凑整齐,既耐夏季炎热和潮湿,又耐风雨。适宜花坛造景。

7)小甜心系列(Picobella) 荷兰先正达种子公司培育。小花多花型品种,花径5~6.5厘米,花量繁多,植株低矮20~25厘米,株型丰满,适应性强,稍耐寒冷与潮湿,可粗放管理。

8)庆典系列(Horizon) 英国弗伦诺瓦公司培育。中花多花型品种,花径5~6.5厘米,花量大,花色多。株高25~30厘米,植株紧凑,花期早,持续开花能力强,花瓣较厚,耐潮湿。

9)黄金时代系列(Paimetime) 美国高美种子公司培育。中花多花型品种,花径6~7厘米,花量极多,植株紧凑整齐,株高25~30厘米,冠幅30~35厘米。抗性强,既抗病又耐不良天气。

10)交响曲系列(Symphony) 日本泷井种子公司培育。大花单瓣多花型品种,植株低矮,株型紧凑丰满,长势健壮。分枝性好,成苗几无明显主枝,稍耐寒,耐轻霜,只要条件适合,可全年开花。根系发达,耐移植。

11)双瀑布系列(Doublecascade) 美国泛美种子公司培育,大花重瓣型品种,丸粒化种子,价格较高。花径10~13厘米,花瓣浓密,花期早至2~3周,株高25~38厘米,分枝性好,长势强劲,抗性强。

12)波浪系列(Wave) 美国泛美种子公司培育。单瓣垂吊型品种,花径5~7厘米,花量大,株高20~30厘米,冠幅70~80厘米,瀑布状的分枝布满花朵,生长速度快,观赏效果好,抗热及抗寒性俱佳。

13)潮波系列(Tidalwave) 美国泛美种子公司培育。单瓣花篱型品种,花径约5厘米,持续开花能力强,植株先向外匍匐生长再向上生长,植株丰满,冠幅可达75~120厘米,能形成密实圆润的花篱。抗性强,耐葡萄孢菌,抗倒伏。

14)黄色小鸭系列(Yellow Duck) 美国泛美种子公司培育。多花垂吊型品种,花径4~5厘米,花量多,株高17~25厘米,冠幅75~90厘米,开花早,分枝性强,株型圆润丰满,生长迅速,花期较长,抗逆性强。

15)美声系列(Opera) 日本泷井公司培育。垂吊多花型品种,花径5~7厘米,花量大,花色丰富。具有极强的匍匐性和分枝性,植株整体表现紧凑。花期长,可从4月持续到10月,耐热抗风雨。

2. 穴盘育苗

矮牵牛在长江中下游地区保护地条件下,一年四季均可播种育苗,但根据用花条件限制及高温对开花的影响,一般花期控制在五一和十一,北方冬季保护地栽培从播种至开花需 120 天左右,夏季约需 100 天,所以五一用花播种时间应在 11～12 月,十一用花播种时间应在 6～7 月,育苗者可根据具体播种计划掌握好播种时间。矮牵牛种子细小,每克约 10 000 粒,人工播种时可将种子倒入白色盘子用润湿好的牙签蘸取。

(1)**播种前准备** 播种前基质及旧穴盘要进行消毒处理。

1)基质的配制 泥炭:蛭石为 3:1,pH 5.5～5.8,EC 小于 0.75 毫西/厘米。

2)装盘 预先润湿基质,湿度 50%～70%,基质正好均匀填满各穴孔,轻压基质表面和穴盘边缘有 2～3 毫米高度差,浇透水。

(2)**播种** 播种时,种子尽量靠近穴盘的中心,萌芽率低的种子可每穴两粒,矮牵牛种子细小播在表面即可,也可打 2～3 毫米的浅孔再播于孔中,此种子为需光种,播种后不必覆盖。播好的穴盘用塑料膜覆盖平放在育苗床上或放于催芽室发芽。

(3)**播种后管理** 矮牵牛正常条件下播种后 4～7 天即可发芽,育苗周期为 4～5 周。

1)温度 发芽温度 22～25℃,子叶出土后将温度降低至 20～24℃,真叶生长温度为 18～21℃。穴盘苗移栽以前进一步将栽培温度降至 16～18℃。

2)光照 在发芽期间,为了提高发芽整齐度和种苗质量,需要补光。为防止种苗徒长,发芽后必须立即给种苗补光。光照强度维持在 11 000～32 300 勒。种苗成熟期,如果能够很好地控制温度,光照强度可增加到 58 100 勒。

3)水分 子叶出土前,保持基质湿度在 100%。穴盘苗成熟后,一般将基质湿度减低到 50% 左右。

4)施肥 幼根一长出,就可施用浓度为 50 毫克/升的 14 - 0 - 14 肥料,浇一次水施一次肥,子叶伸展阶段,施肥浓度提高到 100～150 毫克/升。如果生长缓慢,可每隔一周施用一次 20 - 10 - 20 的肥料,浓度为 100 毫克/升。

5)生长调控 控制穴盘苗的生长,首先是要控制环境,加强营养和水分的管理,其次是使用化学的生物植物调节剂。尽量少使用铵态氮肥,避免幼苗徒长。如果必须再次使用,第二次增加浓度。

3. 穴盘苗的移栽

矮牵牛从播种到移栽需 4～6 周,当穴盘苗长到 4～6 片真叶,根部盘好时可进行移栽,秋播直接移入 13 厘米×15 厘米口径的营养钵,春播一般先移入 10 厘米×12 厘米口径的营养钵,再移入 13 厘米×15 厘米营养钵内。移栽时,容器中先装入基质,将幼苗放于中间,四周填满基质,基质距盆沿 2～3 厘米。

（1）**移栽前准备**　在栽前2~3小时前浇足水,这样移栽时较易拔出。栽培基质应疏松透气,pH 5.5~6.3,EC小于1.5毫西/厘米。

（2）**移栽要点**　矮牵牛移植后恢复较慢,所以在上盆时应注意尽量多带土,保持根团完整。移栽深度要适宜,与原根茎部位相同,栽得过深过浅都不利于根部生长,易感病。

4. 栽后苗期管理

矮牵牛从移栽到开花需要11~13周。

（1）**水分**　浇水时间应在上午10点之前或下午4点之后。浇水遵循不干不浇、浇要浇透、见干见湿的原则,生长初期可以适当多给水分,但在出圃前一周左右宜保持干燥,防止徒长。

（2）**温度**　矮牵牛移植后温度控制在20℃左右,但不要低于15℃,温度过低会推迟开花,甚至不开花。保持白天温度在18~22℃,夜间温度13~16℃。冬季夜温在10℃以上。成熟后,如果逐渐降低温度,矮牵牛可以不受冻害。在条件适宜的条件下,矮牵牛能耐零度的低温。温度在24℃以上会减弱植株分枝性,引起茎的徒长。在保证温度合适的前提下,可适当提高光照水平。

（3）**光照**　矮牵牛为阳性植物,生长开花均需要阳光充足,充足的光照可以促进开花,增加开花的数量。短日照会抑制花芽。可提供13小时的日照长度,当光照较弱、日照较短时,可补充光照4 500~7 000勒会有利于开花。但光强不宜超过40 000勒。

（4）**施肥**　为使植株根系健壮和枝叶茂盛,不断地施肥非常重要,小苗初期生长阶段可交替施14-0-14与20-10-20肥料,每浇1次水施肥1次,EC 1~1.2毫西/厘米。对于藤本矮牵牛品种施肥量宜大些,施肥浓度由一般品种的100~150毫克/升提高到200毫克/升,介质EC也可为1.2~1.5毫西/厘米。如叶片由于缺硼或缺钙而出现条状黄化现象,可用硼40~60毫克/升或含钙的复合肥料补救。植株快速生长期每10天施一次150毫克/升的水溶性复合肥,保持EC小于1.5毫西/厘米。当株型丰满开始有花芽时,可施用200毫克/升的10-30-20,每周一次。温度过高过低都要减少或停止施肥,雨季对矮牵牛生长不利,此时应减少施肥。

（5）**生长调控**　控制矮牵牛株高最有效的方法是对于环境的控制。一旦穴盘苗移栽快速生长后,可以通过调节水分来控制株高,也可以控制施肥,尤其是控制铵态氮肥和磷肥的使用。矮牵牛对昼夜温差很敏感,负昼夜温差可使植株变矮。另外,虽然生长调节剂不是在所有条件下都适合使用,但比久、多效唑、嘧啶醇和烯效唑对于控制矮牵牛的株高很有效。可使用2 500~5 000毫克/升的比久、15~50毫克/升的多效唑或10~30毫克/升的烯效唑。矮牵牛一般不需要摘心,有些品种在苗高5~6厘米时摘心,可以促进分枝,增加开花数量,或在夏季生产中因气温关系,一般主枝生长较快,需要摘心一次。对比较大的植株,株型不整齐时可以进行整形,修剪分枝的顶端,可增加一层分枝,一般在计划开花前10天以上进行,恢复的时间需20天。矮牵牛较耐修剪,如果在第一次销售失败,可以再修剪一次,之后通过换盆,勤施薄肥,养护得当,一般不影响质量,仍可出售。

5. 生产中常见问题及注意事项

☞ 矮牵牛易缺铁,缺铁或pH在6.8以上都会引起萎黄病,见图7-7。混色矮牵牛对缺铁更为敏感一些。如果pH在6.8以上,可通过加入硫酸铁来降低基质pH。可使用85~141克的硫酸铁对400升水,进行灌根。

图7-7 矮牵牛缺铁症

☞ 矮牵牛基质pH过低,低于5.5时,叶片会出现褐色或黄褐色的斑点。可用340克熟石灰对400升水浇灌。

☞ 矮牵牛在出圃长途运输过程中,要防止风吹,以免造成茎叶脱水、花朵吹裂,影响盆花质量。在装箱前除盆内浇足水外,还应提前15天喷洒0.2~0.5毫摩尔/升硫代硫酸银,可抑制盆栽植物乙烯产生,减少花朵脱落。如短途运输尽量选择早上出发,中午之前到达送花地点。

6. 常见病虫害

(1) 常见病害

1) 猝倒病 主要危害种子和幼苗。

2）茎腐病 主要危害叶柄、茎干。

3）灰霉病 主要危害叶片。

（2）**常见虫害** 易受蚜虫、蓟马、白粉虱,蛞蝓、潜叶蝇等危害。

（3）**防治方法** 参见本书六有关内容。

（二）一串红

又名爆仗红,唇形科鼠尾草属多年生草本植物,常作一二年生栽培。原产巴西,中国各地庭院广泛栽种。

1. 简介

（1）**形态特征** 株型紧凑,茎四棱光滑直立,茎节为紫色,茎基部多为木质化。叶片有长柄,卵形,尖端较尖,叶边缘有锯齿,对生。花多为红色、深红色,一般为6朵轮生,总状花序。苞片卵形,深红色,早落。花萼钟状,二唇,宿存,与花冠同色,花冠唇形有长筒伸出花萼外,见图7-8。花期6~10月,种子成熟期8~10月。花色通常有紫色、白色、粉色等类型。坚果,卵形,内有黑色种子,容易脱落,每克256~290粒。

图7-8 一串红

（2）**生长习性**　属长日照植物,喜全光、耐半阴、不耐寒环境,生长适温为15～21℃。低于15℃植株生长缓慢。高于30℃花叶大小发生变化。长日照利于一串红植株营养生长,短日照有利于一串红植株的花芽分化。一串红幼苗需水较多,但积水过多则会对植株生长造成不良影响。不耐霜冻,经过霜冻的一串红植株全株茎叶变黑,霜期过后收获的一串红种子发芽率普遍较低。一串红盆栽适用疏松肥沃、排水良好的基质。正常光照条件下,从播种至开花需60～100天。

（3）**现主要栽培品种**　目前国内主要栽培的一串红品种既有国外进口的品种也有国内自育品种,简介如下:

1）展望系列(Vista)　美国泛美种子公司培育。株型丰满紧凑,叶片为深绿皱叶,株高25～30厘米,冠幅20厘米左右,观赏季节为4～10月。盆栽品种播种到开花一般9～10周,花色丰富,有酒红色、红色、鲑红色、淡紫色等颜色,在强烈的阳光下也可以保持花色不褪。长势强,易栽培。种子质量高而稳定。

2）莎莎系列(Salsa)　日本坂田种苗公司培育。株型紧凑,叶片为深绿色,株高30～35厘米,冠幅15厘米左右。突出特点为花期较早,播种8～10周就可开花,颜色鲜艳,有红色、酒红色、淡紫色等多种颜色,易于栽培管理。

3）火焰系列(Flare)　美国泛美种子公司培育。株型整齐一致,长势强劲。株高25～30厘米,冠幅15厘米左右,叶片浅绿色,花期较早,8～10周开花,花期一致,花色鲜红,有较佳的园艺性状。

4）猩红国王系列(Scarlet King)　日本坂田种苗公司培育。株型整齐紧凑,长势强劲。株高30厘米左右,冠幅15厘米左右,叶片浅绿色,花色亮红,极其鲜艳,壮苗率较高。

5）太阳神系列(Daddy)　美国泛美种子公司培育,叶片深绿、无皱缩,花色鲜红,具有较好的抗热性。株高25厘米左右,冠幅15～20厘米,播种到开花10周左右,观赏性佳,生长势强,有良好的盆栽习性。

6）猩红王后系列(Scarlet Queen)　美国泛美种子公司培育。株型紧凑,整齐一致,株高20～25厘米,冠幅13～15厘米,花色亮红,是较好的早花一串红品种,播种后85天左右开花,其种子10天左右即可发芽,宜花坛造景。

7）沙漠系列(Desert)　英国弗伦诺瓦公司培育。株高25～30厘米,叶片肥大浓绿,花色亮红,群体表现优异,有较好的耐热和耐雨性。在夏季,该品种有较多的分枝和较大的花量,加之其优秀的耐热性,使之成为较受欢迎的一串红品种。

2. 穴盘育苗

一串红从播种到开花需15～17周的时间,根据用花时间、品种特性以及育苗环境决定一串红播种时间。因节日要求,一串红用花时间一般在五一和十一,通常说来在北方地区五一用花需要在前一年的12月播种,翌年的2月中旬上盆定植;十一用花一般在5

月上旬播种,7月中旬定植,10月1日之前可出圃。种植者可根据具体播种计划掌握好播种时间。与矮牵牛等种子相比较,一串红种子籽粒较大,每克约260粒,适合人工播种和机械播种。

(1)**播种前准备**　基质和旧穴盘需预先消毒处理。

1)基质的配制　应具有较好的保水、透气、排水能力。泥炭:蛭石为3:1,pH 6左右,EC 0.5~0.75毫西/厘米。

2)装盘　预先润湿基质,如使用机械播种应注意机械装盘选用与穴盘型号相应的机械填充机填充基质。

(2)**播种**　播种可以采用机械播种或人工播种。将种子置于孔中央,使种子和基质充分接触,覆盖1.5厘米左右的蛭石,用塑料薄膜等覆盖物覆盖,并且保证覆盖物不与基质接触。

(3)**播种后管理**　一串红正常条件下播种后4~5天即可发芽,育苗周期为35~40天。

1)温度　发芽温度22~25℃,子叶出土后将温度昼温保持在22~24℃,夜温保持在18~22℃,真叶生长温度为昼温保持在20~21℃,夜温保持在18~22℃。穴盘苗移栽以前将栽培温度保持在18~20℃。

2)光照　在发芽期间,一串红种子无须光照。子叶出土后到真叶生长前光照强度适宜保持在5 000~10 000勒。真叶生长过程中,光照强度适宜在10 000~20 000勒,当种苗长出6片以上真叶、根系布满穴孔后,将进行炼苗,此时的光照即为自然全光照。

3)水分　子叶出土前,基质湿度保持在90%。子叶生长期基质湿度保持在70%~90%,真叶生长期基质湿度在50%~80%即可。

4)施肥　幼根一长出,就可施用75毫克/升的硝态氮氮肥,浇一次水施一次肥;子叶伸展阶段,适用于硝态氮复合肥或硝酸钙或硝酸钾肥,施肥浓度可提高到100~150毫克/升。

5)生长调控　控制穴盘苗的生长,可以从环境和生物生长调节剂两个方面入手。调节环境主要是采用控制光照、温度、水分、营养等方面来调节穴盘苗的生长。有必要使用生长调节剂时,则必须考虑施药浓度和穴盘苗发育时期,多效唑适用于一串红穴盘苗的三叶一心时期,最佳浓度为100毫克/升。

3. 移栽及栽后管理

(1)**移栽**　一串红从播种到移栽需35~40天,当穴盘苗长到4~6片真叶,根部盘好时可进行移栽。可直接移入13厘米×13厘米的营养钵。一串红从移栽到开花需要12周左右。

（2）栽后管理

1）温度　一串红移植后温度应控制在 15～24℃，温度高于 30℃会造成花叶变小，温度低于 15℃生长缓慢。在保证温度合适的前提下，可适当提高光照水平。

2）光照　一串红为阳性植物，长日照可以增加营养生长，短日照可以促进开花。一般来说，一串红生长开花均需要阳光充足，但光强不宜超过 40 000 勒。

3）施肥　移栽后的苗期生长对肥料的要求较高。一般来说，小苗初期生长阶段可交替施 14 - 0 - 14 与 20 - 10 - 20 肥料，每浇一次水施肥一次，EC 1～1.2 毫西/厘米。随着苗子的长大，施肥浓度可以由 100～150 毫克/升提高到 200 毫克/升，介质 EC 也可为 1.2～1.5 毫西/厘米。植株快速生长期每 10 天施 1 次 150 毫克/升的水溶性复合肥，保持 EC 小于 1.5 毫西/厘米。当株型丰满开始有花芽时，可施用 200 毫克/升的 10 - 30 - 20，每周 1 次。温度过高过低都要减少或停止施肥。

4）生长调控　控制一串红株高的方法有摘心、环境控制、使用生长调节剂三种方法。一串红在移栽后，生长期要进行 2～3 次的摘心，一般是在幼苗 6 片叶的时候进行一次摘心，在出圃前 20～25 天进行最后一次摘心。此外，也可以根据一串红幼苗的长势情况来决定摘心的时间。摘心是消除顶端优势、促进分枝、控制株高的较好手段，也是控制一串红花期的最好手段。除此之外，控制温度和光照也可以在一定程度上控制一串红的株高，防止徒长。较高的温度会造成一串红幼苗的徒长。生长调控也可利用矮壮素和多效唑等生长调节剂抑制株高。

4. 生产中常见问题及注意事项

☞ 夏季日照充足，雨量充沛，是一串红生长发育最旺盛的季节。欲使一串红开花繁艳并控制花期，一般需采取摘心打顶措施。一串红萌芽力强，耐修剪，萌芽后形成的侧枝生长迅速。幼苗 4～6 片真叶时第一次摘心，8～10 片时进行第二次摘心，视生长情况每隔一段时间摘心一次，直到控制花期前停止。由于摘心萌发侧枝较多，养分消耗大，要及时增施肥。

☞ 一串红为喜光植物，如光照不足极易徒长。温度低及养分不足可导致叶片黄化。15℃以下叶片黄化、脱落，10℃以下受冻，并可导致死亡。一串红对高浓度的可溶性盐含量非常敏感，应对基质盐分含量随时检查以防叶片脱落，尤其是穴盘苗期，EC 不要大于 0.75 毫西/厘米。

5. 常见病虫害

（1）常见病害

1）猝倒病　主要危害种子和幼苗。

2）茎腐病　主要危害叶柄、茎干。

3)叶斑病　主要危害叶片。

（2）**常见虫害**　易受蚜虫、白粉虱、红蜘蛛、潜叶蝇等危害。

（3）**防治方法**　参见本书六有关内容。

（三）鸡冠花

又名老来红、芦花鸡冠、大鸡公花等，为苋科青葙属一年生草本植物，作一年生栽培。原产亚洲热带，世界各地广为栽培，我国南北各地均有种植。

1. 简介

（1）**形态特征**　全株具毛，茎光滑具棱，直立少分枝。叶质柔软，长卵形或卵状披针形，全缘或有缺刻，有绿色、黄绿色、红绿色及红色等颜色，互生。花顶生，花冠肉质，扁球形、扇形或肾形。花小而不显著，花序上部丝状，中、下部干膜状。花色有深红色、鲜红色、红黄相间色、橙色等。蒴果，种子扁圆肾形，黑色发亮，每克1 000粒左右。

（2）**分类**　鸡冠花依花序形状不同可分为头状鸡冠（图7-9）及羽状鸡冠（图7-10）。花序顶生、扭曲折叠成扁球形，酷似鸡冠，为头状鸡冠。花序聚集成三角形的圆锥穗状花序，直立或略倾斜，形似火炬，呈羽毛状，着生于枝顶，称为羽状鸡冠，又名凤尾鸡冠花和穗状鸡冠。

图7-9　头状鸡冠

图7-10 羽状鸡冠

（3）**生长习性** 属长日照植物,喜高温和全日照的环境,温室栽培最适温度为昼温21～24℃,夜温15～18℃。不耐霜冻、贫瘠,忌积水,较耐旱。霜期来临则全株枯死。盆栽适用疏松肥沃、排水良好的弱酸性基质。花期较长,可由夏秋直至霜降。正常光照条件下,从播种至开花需70～100天。短日照下花芽分化快,长日照下鸡冠花花序形体大。种子采收期为8～10月,种子生命力强,可达4～5年,可自播。

（4）**主要栽培品种**

1）孟买系列（Bombay） 美国泛美种子公司培育。头状鸡冠,株高70～100厘米,冠幅13厘米,花头扁平,花茎健壮,花色鲜艳,习性整齐一致,生长周期短。

2）朋友系列（Amigo） 株高15厘米,花径硕大可达25厘米,喜光耐热。生长适温20～30℃。

3）冰激凌系列（Icecream） 美国泛美公司培育。羽状鸡冠,株高30厘米,冠幅25厘米。株型紧凑,分枝多。花色艳丽,花头密集。抗热性强,持续时间长。

4）新火系列（First Flame） 美国泛美公司最新培育。羽状鸡冠,株高35～50厘米,冠幅25～40厘米。长势强壮,整个夏季花色明艳,分枝佳,花穗多。

5）艳阳系列（Fresh Look） 美国泛美种子公司培育。羽状鸡冠,株高35厘米,冠幅

30 厘米,花穗长 25 厘米,基部分枝和上部分枝都非常稠密,有红色、黄色、金黄色和橙黄色等颜色。

6)新象系列(New Look) 美国泛美公司培育。羽状鸡冠,株高 35 厘米,冠幅 30 厘米,花穗红色,基部分枝性很好,呈丛生状。花量较大,花色艳丽持久,开花较早。

7)久留米系列(Kurume) 日本泷井种苗公司培育。典型的羽状鸡冠近球形,有金黄色、绯红色、鲜红色、玫瑰色、黄红相间等颜色。主要特点为耐热、抗病性强,密植时可以产生小花冠。

8)世纪系列(Century) 最早由日本坂田公司培育,后各大公司均有出售。羽状鸡冠,株高 45～60 厘米,颜色有紫红色、火红色、红色、黄色、淡黄色等颜色,在夏季有较好的表现。

9)和服系列(Carpet) 最早由日本坂田公司培育,后各大公司均有出售。羽状鸡冠,矮生,株高 15～25 厘米,株型丰满,分枝性较好。颜色鲜艳,有红色、玫红色、樱桃红色、橘红色、深红色、黄色等颜色。

10)城堡系列(Castle) 羽状鸡冠,播种后 8～10 周就可以开花,在强光和高温下也不会褪色。株高 30 厘米,有金黄色、浓橙色、绯红色、桃红色、橙黄色等颜色,可供花坛使用。

11)嘉年华系列 矮生羽状鸡冠,株高 35 厘米,分枝性较好,冠幅丰满,叶片翠绿,观赏期较长。有红色、金黄色、火红色、深玫红色等颜色。

12)红妆系列 羽状鸡冠,矮生,株高 25 厘米,冠径 25～30 厘米,花序粗壮,颜色鲜艳,有红色、深玫红色等颜色。

13)火把系列 羽状鸡冠,中矮生,株高 35 厘米,主要特点观赏期较长,播种至开花 70 天左右。花序挺拔,花色靓丽,有红色、玫红色、黄色、粉色等颜色。

14)火炬系列 羽状花序,株高 40 厘米左右,株型端正,叶片红色。主花序长 30 厘米,侧花序较短。有红色、玫红色等颜色。

15)宝塔系列 羽状鸡冠,播种到开花 80 天。株高 30 厘米,株型丰满,主花头较大,侧花头较小,有深红色、鲜红色等颜色。

16)皇冠系列 羽状鸡冠,播种到开花 70 天,株高 25～30 厘米。颜色亮丽,株型丰满。有鲜红色、深红色、玫红色、金黄色、铜叶红色、金叶鲜红色等颜色。

17)格言系列 羽状鸡冠,独干无分枝,长势强健,株型端正,花冠大。播种到开花 70 天,株高 30 厘米,有红色、深红色等颜色。

18)红绣球系列 独头型羽状鸡冠,花头较圆,叶片狭长,株高 30 厘米,播种到开花 90 天。适于夏季盆花使用。

19)奥林匹亚系列 矮生无分枝,独头鸡冠,株高 15～20 厘米,花冠呈扁圆形。播种到开花 50 天,株型较小,适合小容器栽植。

2. 穴盘育苗

鸡冠花从播种到穴盘苗移栽时间,因品种不同生长周期有所差异。所以根据品种特性、用花时间和具体的栽培条件,育苗者就可以制定播种计划,确定大致的播种时间。鸡冠花种子黑色肾形,每克约1 000粒,人工播种时可将种子倒入白色盘子用润湿好的牙签蘸取。

(1)**播种前准备** 基质及旧穴盘需预先消毒。基质pH 5.8~6.2,EC小于0.75毫西/厘米。

(2)**播种** 鸡冠花种子发芽不喜光照,因此需要覆盖基质,一般为粗蛭石或者细粒泥炭,因种子细小,盖基质宜薄,没过种子即可。

(3)**播种后管理** 鸡冠花正常条件下播种后3~5天即可发芽。

1)温度 第一阶段要控制在22~24℃,2~4天后胚根展出,幼苗生长温度可以降低至17~24℃。鸡冠花的播种温度一般不可低于15℃,低于此温度鸡冠花停止生长。

2)光照 鸡冠花在萌发期间不需要见光,因此发芽期间不需要补光,在种子萌发后需要见光,保持光照强度低于25 000勒,有利于鸡冠花直根系生长,在幼苗生长阶段,要严格控制光照低于27 000勒,防止穴盘苗开花。

3)水分 鸡冠花种子萌发前需要将空气相对湿度保持在95%左右,基质需要保持中等湿度,种子萌发后需要降低基质水分在中等湿度以下,以利于直根系的生长。

4)施肥 鸡冠花对肥料使用要求比较严格,防止出现肥料浓度较高引起烧苗现象。子叶展开后开始施肥,肥料以水溶性肥料20-10-20为主,浓度50~75毫克/升。进入快速生长的第三阶段后,浓度升至75~100毫克/升。可交替施用20-10-20与10-0-4肥料。同时苗期要注意观察侧芽的发育情况,防止侧枝萌发影响主枝的发育和生长。

5)生长调控 对于鸡冠花而言,穴盘苗期间的生长调节包括两个方面。一方面是株型的控制,防止侧枝的生长影响效果。另一方面是防止穴盘苗开花。对于环境因子的控制在前面已阐述得较清楚,在这里不再赘述。通过对鸡冠花幼苗施加浓度为0.1毫摩尔/升的水杨酸可以提高鸡冠花耐热的能力。

3. 移栽及栽后管理

鸡冠花从播种到移栽需3~6周,从播种至开花需11~12周。

(1)**移栽** 当穴盘苗长到4~6片真叶,株高4~5厘米,根部盘好时可进行移栽,直接移入13厘米×13厘米口径的营养钵。栽培基质以疏松通透及保水性好的土壤为宜。

(2)**栽后管理** 鸡冠花一般为主干开花,苗期要控制好肥料的施用,防止肥料过多造成侧芽的生长引起株型的改变,在苗期栽培管理有以下几个方面:

1）水分　鸡冠花喜干燥气候,较耐干旱,不耐雨涝怕积水。在水分管理中最重要的就是排水,水分过多会造成徒长、沤根和延迟开花,植株细弱疏软,下部的成熟叶片易黄化掉落。但过干会导致开花早,长势不佳。鸡冠花比较耐干旱,但过度的干旱会导致茎叶萎蔫。生长期间要给予适当的水分。

2）温度　鸡冠花不耐低温喜温暖。上盆后的温度一般应该控制在 20～30℃。其生长,最适温度应为昼温 25～30℃、夜温 15～20℃。当温度超过 30℃时,穗状鸡冠的花穗易松散不紧实,羽状鸡冠则易出现畸形、花色暗淡等现象。超过 35℃时就会对鸡冠花生长有影响,低于 5℃的温度鸡冠花就会受到冻害。在开花期适当地降低温度,也会延长鸡冠花的开花时间。

3）光照　鸡冠花为阳性相对短日照植物,生长开花均需要阳光充足,充足的光照可以促进开花,增加开花的数量。充足的光照可以抑制鸡冠花徒长。但是过强的光照会导致鸡冠花早熟。当日照长度大于 16 小时时,会出现花叶较多等现象。

4）施肥　鸡冠花属喜肥花卉,为使鸡冠花根系健壮和枝叶茂盛,不断地施肥非常重要。移栽初期生长阶段可每隔 7～10 天交替施 14－0－14 与 20－10－20 肥料,浓度 150～250毫克/升,每浇一次水施肥一次。快速生长阶段可适当增大施肥浓度。

5）生长调控　鸡冠花常用的控制手段是利用多效唑和丁酰肼来控制株高。

4. 生产中常见问题及注意事项

☞鸡冠花依品种不同株高差距大,相差 20～30 厘米,可根据用途不同选择不同品种。另外,不同品种之间花期亦有不同,应根据具体品种来确定播种时间。通常来说,矮生品种生长周期短于株高较高的品种。如奥林匹亚系列(矮生)较宝塔系列(较高)生长周期缩短 30 天左右。

☞鸡冠花极易患轮纹病,得病后会导致大面积死亡,要及时做好田间管理以及种子、栽培工具、基质的消毒工作。发病初期及早喷洒 77% 氢氧化铜可湿性微粒粉剂 500 倍液。

5. 常见病虫害

(1) 常见病害

1）猝倒病　主要危害种子和幼苗。

2）立枯病　主要危害幼苗茎基部或地下根部。

3）疫病　主要危害茎、枝、叶。

4）褐斑病　主要侵染叶片、茎及叶柄等。

5）炭疽病　主要危害叶片。

6）病毒病　全株发病。

7）轮纹病　主要危害叶片。

（2）**常见虫害**　易受蚜虫、红蜘蛛等危害。

（3）**防治方法**　参见本书六有关内容。

（四）万寿菊

又名臭芙蓉，菊科万寿菊属一年生草本。原产墨西哥，中国各地均有栽培。

1. 简介

（1）**形态特征**　全株有一股特殊的臭味，高50～150厘米。茎直立粗壮，具纵细条棱，分枝向上平展。叶片对生，羽状全裂，裂片披针形，具有明显的油腺点。花序为头状，顶生，具有中空的长总梗，总苞钟状，舌状花瓣上有爪，边缘呈波状，花色有淡黄色、黄色、明黄色（图7-11）、橘黄色（图7-12）、橘红色（图7-13）和稀有的白色。花型有单瓣型、菊花型、钟型、蜂窝型和平瓣型等。瘦果，黑色，顶端有冠毛，每克330粒。

图7-11　明黄色万寿菊

图 7-12　橘黄色万寿菊

图 7-13　橘红色万寿菊

(2)**生长习性**　属短日照植物,喜温暖和阳光充足的环境,生长适温为15~25℃。不耐寒,但经得起早霜侵袭,酷暑期生长不良,30℃以上容易徒长。盆栽宜选用疏松、排水良好、有底肥的基质,pH 6~6.7为宜。从播种到开花需70~90天。夏秋栽培时氮肥不宜过多,否则会造成枝叶徒长,在苗高15厘米时可摘心促进分枝。冬季栽培时由于短日照的影响,分枝少,为独茎一花,不可摘心。

(3)**现主要栽培品种**　目前国内主要栽培的万寿菊品种为国外进口和国产F_1代杂交品种,主要将进口品种简介如下:

1)安提瓜系列(Antigua)　美国泛美种子公司培育。夏秋栽培品种,高密度生产首选。自然矮生,特别是夏季耐高温,不徒长。广泛用于盆花及花坛花。株高25~30厘米,冠幅25~30厘米,株型紧凑,分枝能力极强,早花,完全重瓣,花径8厘米。易栽培。

2)泰山系列(Taishan)　美国泛美种子公司培育。矮生,长势旺,花径大,自然矮生,不易徒长。植株健壮,花色艳丽持久,景观应用表现极佳,持续效果长。没有软花蕊,不易产生病害,可耐淋灌。株高25~30厘米,冠幅25~30厘米。

3)奇迹系列(Marvel)　美国泛美种子公司培育。中高型品种。植株紧凑,完全重瓣大花,丰满圆润,株高45厘米,冠幅25厘米,花径9厘米,从播种到开花60天。紧密的花瓣确保该系列对葡萄孢菌属的侵染有较强的抗性,而且花园表现极其优异。茎干坚韧,在运输或恶劣天气条件下也不会折断。

4)贵夫人系列(Lady)　美国泛美种子公司培育。中高型品种。株高50厘米,冠幅25厘米,花径7厘米。茎干强壮,株型整齐匀称,完全重瓣,花量大,花朵挺拔于叶丛之上。大块种植,独具魅力,引人驻足,适于大型容器栽培。

5)皇家系列(Royal)　美国泛美种子公司培育。中高型品种。株高50厘米,冠幅25厘米,花径10~11厘米。完全重瓣大花,短日照条件下,10厘米盆栽,70天即可开花。植株灌木丛状,茎干强壮,在各种气候条件下都可保持挺直,适合大型容器栽培和盆栽销售。因为植株长势极强,残花不外露,所以室外露地栽培几乎不需要养护管理。常用于礼仪花束和花环。

6)香草系列(Vanilla)　美国泛美种子公司培育。中高型品种。株高40厘米,冠幅25厘米,花径6~7厘米。奇特的杂交白花万寿菊,乳白色花,完全重瓣,花期与奇迹和贵妇人系列接近,从播种至销售只需11~12周。植株紧凑,株高比奇迹系列和贵夫人系列稍矮,但盆栽和花园表现同样十分优秀。适合花坛和镶边栽植,亦适合大型组合盆栽。

7)哥伦布系列(Columbus)　美国美洲种子公司培育。矮生品种。表现稳定,适合作盆栽和花坛应用。株高25~30厘米,花径6~7厘米。

8)明月系列(Lunar)　美国美洲种子公司培育。中高型品种。株高30~35厘米,花径7~8厘米,性状表现稳定,非常适合作盆栽和花坛。

9)完美系列(Pefection)　美国高美种子公司培育。大花单瓣多花型品种,植株低矮,株型紧凑丰满,长势健壮。分枝性好,成苗几乎无明显主枝,稍耐寒,耐轻霜,只要条件适合,可全年开花。根系发达,耐移植。

2. 穴盘育苗

在保护地条件下,万寿菊一年四季都可以播种育苗,但根据用花条件限制,一般花期控制在五一和十一。十一用花播种可控制在5月上旬播种,五一用花可在12月下旬至翌年1月初播种,温室条件好可适当延后播种。另外,五一用花适合用中高型品种,因为矮生品种容易在植株很矮时即15～20厘米开花,营养生长不足,花的重瓣性也受影响。万寿菊种子细长,可以人工播种,也可以用播种机播种。

(1)**播种** 基质可选用国外专用育苗基质,也可按泥炭∶蛭石∶珍珠岩=4∶1∶1配制,pH 5.5～6.0,EC 0.5～0.75毫西/厘米。播种后覆盖一薄层粗蛭石,覆盖厚度以刚盖上种子为好。

(2)**播种后管理** 万寿菊正常条件下播种后4～5天即可发芽,育苗周期为4～5周。

1)温度 发芽温度22～24℃,子叶出土后将温度降低至20～21℃,真叶生长温度为18～20℃。穴盘苗移栽以前进一步将栽培温度降至15～18℃。

2)光照 出苗后光照强度要小于25 000勒,强光照和短日照都会促进植株提早开花,影响种苗质量。

3)水分 子叶出土前,保持基质相对湿度在100%。真叶长出后,一般将基质相对湿度降到30%左右,两次浇水之间让基质有干透的过程,但过度干燥会导致早熟开花,以基质干透,植株叶子刚刚出现萎蔫现象时喷水为宜。

4)施肥 在子叶完全展开,真叶出现后开始施肥。以含钙的硝态氮复合肥为主,第一次施肥应先用50～75毫克/升14－0－14,使地上部分先有一定的生长,以后以50毫克/升的氮肥为梯度每次递加。保持pH在6～6.5。种苗快速生长期,需每周交替施1～2次150毫克/升的14－0－14和20－10－20复合肥。

5)生长调控 控制穴盘苗的生长,首先是要控制环境,比如控制温度不能超过20℃,浇水保持见干见湿,施肥浓度不能过大等。加强营养和水分的管理,也可运用昼夜温差来控制株高。如果有必要使用生长调节剂,在第一片真叶展开后开始施用浓度为2 500毫克/升的比久和15～20毫克/升多效唑,在第二、第三片真叶生长期根据苗情可多次施用,且随着种苗生长,施用浓度要逐渐加大。

3. 移栽及栽后管理

(1)**移栽** 万寿菊从播种到移栽需4～5周,当穴盘苗长到2～3对真叶即二叶一心,且根系盘好基质时可进行移栽,直接移植到塑料营养钵中,选用12厘米×12厘米或者13厘米×13厘米均可。万寿菊耐移植,但移植时不要伤害根系。移栽时,容器中先装入基质,将幼苗放于中间,四周填满基质,基质距盆沿 2~3 厘米。

(2)**栽后管理**　万寿菊从移栽到开花需要 40~60 天。

1)水分　上盆后等到土壤稍干燥后再浇水,遵循不干不浇、浇要浇透、见干见湿的原则,以促进根的生长。一旦植株根系发育触及盆壁,要等到植株有些萎蔫时才浇水,以控制高度。因其具有紧密的花序结构,应避免将水浇到花上。夏季水分过多会造成枝叶过分徒长。

2)温度　定植后保持夜温 13~18℃,昼温 18~23℃,特别高的温度将导致花的尺寸减小。生长适温 15~25℃,酷暑期生长不良,30℃以上容易徒长,茎叶松散。

3)光照　万寿菊在生长阶段,保持全光照条件,可以进行光周期控制。万寿菊标准的日照长度是 12.5~13 小时,也意味着在短于这个日照的条件下开花更快。人工创造短日照条件,可以促进万寿菊提前开花。具体做法是,在种子发芽后的前 2~3 周,清晨 5 点至晚上 8 点用黑布遮盖,在 2 月的后期开始进行,可以使播种到开花时间缩短 2 周,并能形成更紧凑的株型。

4)施肥　除定植时的基肥外,生长期间,每隔 15~20 天施用腐熟的有机质或化学肥料 1 次,肥料过多或浓度过高会导致开花延迟,以多元素复合肥为主,不建议单独使用氮肥。孕育花蕾至开花后期,可以追施 3%~5% 的磷酸二氢钾水溶液,喷施或灌根均可,可促进开花繁盛。夏秋栽培时氮肥不宜过多,否则加上高温、高湿条件,较大的密度,会造成万寿菊枝叶徒长、株型松散。

5)生长调控　在高温条件下,万寿菊容易徒长,如果要控制万寿菊株型和高度,可用植物生长调节剂来达到此目的。即在快速生长期喷施 0.1~0.2 克/升多效唑溶液,喷到溶液刚好沿茎干往下流为止,可喷施 2~3 次,间隔期为 7~10 天。喷施后能使植株叶色浓绿,低矮紧凑,但只能在营养生长期(开花前)喷施,否则会使花期延后。也可以人工摘心来控制株型,定植成活后,可进行 1~2 次摘心,促进多分枝,以增加开花数量。然而如果想使花朵开得硕大,则需除去侧蕾,但不需摘心,以促进顶生的花蕾充分发育。

4. 常见病虫害

(1)**常见病害**

1)叶斑病　主要危害叶、花、茎。

2)疫病　主要危害叶、茎。

3)灰霉病　主要危害花瓣、叶片和茎干。

4)根腐病　主要危害根。

5)细菌性叶斑病　主要危害叶片、叶柄、茎、生长点、花及花蕾。

(2)**常见虫害**

1)地下部分　小地老虎(黑土蚕)、蛴螬(白土蚕)等。

2）地上部分　蚜虫、红蜘蛛、潜叶蝇、白粉虱。

（3）**防治方法**　参见本书六有关内容。

（五）孔雀草

菊科万寿菊属一年生草本植物，全草可入药。原产墨西哥。分布于四川、贵州、云南等地，我国各地已广泛栽种。

1. 简介

（1）**形态特征**　株高 20～80 厘米。茎多分枝，通常较为细长，一般带紫色条纹或者整体成紫色。植株通常生长茂密，株型呈圆丘状。叶对生或互生，有油腺点，羽状全裂，裂片线形至披针形。头状花序顶生，花径 2～6 厘米，花由舌状花和筒状花组成，舌状花为单性花，只有雌蕊，筒状花为两性花，通常先端 5 裂，见图 7-14。花型分为单瓣型、银莲花型和冠状花型。瘦果，种子细长，每克 350～400 粒。

（2）**生长习性**　属日中性植物，喜温暖和阳光充足的环境，但在半阴处栽植也能开花。抗性强，对土壤要求不严，耐移植，生长迅速，栽培容易，病虫

图 7-14　孔雀草

害较少。生长适温为 15～20℃。盆栽使用排水良好、无病害、pH 6.2～6.5 的基质。

（3）**现主要栽培品种**　目前国内主要栽培的孔雀草品种如下：

1）珍妮系列（Janie）　美国泛美种子公司培育。矮生冠状花型品种，株型紧凑。株高

20～25厘米,冠幅15～20厘米。非常耐热,即使在高温条件下,花园地栽长势依然强健,是炎热的南方市场和北方地区晚季节销售的理想品种。

2)鸿运系列(Bonanza) 美国泛美种子公司培育。矮生冠状花型品种,株高20～25厘米,冠幅15～20厘米。市场最畅销的孔雀草冠状花型品种,因其开花早,习性整齐和适应性极强而著名。在同类孔雀草品种中花最大,直径达5～6厘米,花色丰富,比其他孔雀草品种开花早。

3)男孩系列(Boy) 美国泛美种子公司培育。盘盒容器、盆栽和花园表现俱佳,植株矮生,株高20～25厘米,冠幅15～20厘米。习性紧凑,货架寿命长。花色明亮,花径4厘米,开花不断。栽培习性和花期都非常一致。橙黄色获得欧洲花卉品种选拔赛铜奖。

4)蜂房系列(Honeycomb) 美国泛美种子公司培育。生长强健,株高20～25厘米,冠幅15～20厘米,花朵直径达6厘米。花完全重瓣,每个红褐色花瓣都镶有金黄色花边。获得欧洲花卉品种选拔赛铜奖。

5)夹克系列(Jacket) 美国泛美种子公司培育,株高25～30厘米,冠幅15～20厘米,花径4厘米。比鸿运系列更强健,在冷凉的气候条件下仍有较好的地栽表现,在炎热的气候条件下,比其他品种更多花。获得欧洲花卉品种选拔赛铜奖。

6)迪阿哥系列(Durango) 美国泛美种子公司培育,是矮生银莲花型孔雀草中的最好品种。株高25～30厘米,冠幅15～20厘米,分枝性佳,花量大,茎干强健,极耐运输,早花。该系列各个品种的花期一致性好,花型发育整齐,花径5～5.5厘米,花色丰富。该系列品种从苗床到花园都有十分出色的整齐习性。植株灌丛状,株型紧凑。因为长势强健,使迪阿哥系列非常适合早春销售。

7)曙光系列(Aurora) 美国泛美种子公司培育。完全重瓣型孔雀草。株高25～30厘米,冠幅15～20厘米,独特的康乃馨型大花,花色多,品质出众。盘盒容器内栽培开花最早,园林造景应用,株型丰满。该系列开花早,植株紧凑整齐,是炎热的南方市场或北方地区晚季节销售的理想品种。

8)金门系列(Gate) 美国泛美种子公司培育。完全重瓣型孔雀草。株高35～40厘米,冠幅15～20厘米,完全重瓣,花径6～7厘米,看起来像万寿菊。早花,盘盒容器和盆栽表现好,是园林造景的良好选择,是所有孔雀草中抗热性最好的品种,适于夏季一年生盆花栽培或大型容器栽培。

9)小英雄系列(Little Hero) 美国伯爵种子公司培育。夏秋栽培品种,极矮生,株高15～20厘米,株型紧凑,抗热性好,适合炎热的南方市场及北方地区晚季节销售。生长周期短,一般播后7～8周可显花,花径4～6厘米。

10)英雄系列(Hero) 美国伯爵种子公司培育。早春栽培品种,株高20～25厘米,以开花早而著称。大花,花径5～6.5厘米,开花数量多,现已广泛种植,花期一致。适合早春栽培使用。

11)巅峰系列(Zenith) 英国弗伦诺瓦培育。三倍体孔雀草品种。株高40~45厘米,花径6~7.5厘米,完全重瓣,生育期7~8周。

12)皇族系列(Royal) 美国美洲种子公司培育。银莲花型孔雀草。整齐且繁茂,植株强健,花坛花期长。株高20~25厘米,花径5~6厘米,移栽后到第一朵花需35~40天,花色丰富。

13)迪斯科系列(Disco) 美国美洲种子公司培育。单瓣花型孔雀草。株高35~40厘米,花径3~4厘米,花色丰富。移栽后到第一朵花需35~40天。

14)夏日系列(Summer Sun) 美国美洲种子公司培育。单瓣花型孔雀草。市场上销售的花径最大的单瓣孔雀草,良好的分枝,特别适合花园应用。株高35~40厘米,花径6~8厘米,花色丰富。移栽后到第一朵花需40~45天。

2. 穴盘育苗

孔雀草在保护地条件下,一年四季均可播种育苗,但根据用花条件限制及高温对开花的影响,一般花期控制在五一和十一。孔雀草成苗期较短,着花早,供五一用花,3月1~10日播种。十一用花,6月底播种。一般从播种至种苗出圃需4~5周。育苗者可根据具体播种计划掌握好播种时间。冬季短日照条件下,会穴盘苗带花,花径和株高生长受限,因此五一用花不可播种过早。孔雀草种子细长,可以人工播种,也可以用播种机播种。

(1)**播种** 基质可选用国外专用育苗基质,也可按泥炭:蛭石:珍珠岩=4:1:1配制,pH 5.5~6,EC 0.5~0.75毫西/厘米。播种后覆盖一薄层粗蛭石,覆盖厚度以刚盖上种子为好。

(2)**播种后管理** 孔雀草正常条件下播种后4~7天即可发芽,育苗周期为4~5周。

1)温度 发芽温度21~22℃,子叶出土阶段18~22℃,真叶生长阶段18~21℃,穴盘苗移栽以前进一步将栽培温度降至18~20℃。

2)光照 第一阶段,发芽不需光。发芽后,10 000~25 000勒,种苗成熟阶段30 000勒以上。

3)水分 子叶出土前,保持基层相对湿度在100%。穴盘苗成熟后,一般将基层相对湿度减低到50%左右。

4)施肥 在子叶完全展开,真叶出现后开始施肥。以含钙的硝态氮复合肥为主,开始浓度为50毫克/升,随着植株的生长,以后施肥浓度逐渐增加至100~150毫克/升,两次施肥中间浇清水1次。

5)生长调控 尽量少使用铵态氮肥,避免幼苗徒长。如果有必要,可以使用2 500毫克/升比久。第一次要使用适用浓度的最低限度,如果必要再次使用,第二次增加浓度。

3. 移栽及栽后管理

(1) **移栽** 孔雀草从播种到移栽需 4~5 周,当穴盘苗长到 5~6 片真叶,且根系盘好基质时可进行移栽,直接移植到塑料营养钵中,选用 12 厘米×12 厘米或者 13 厘米×13 厘米均可。孔雀草耐移植,但移植时不要伤害根系。

(2) **苗期管理技术** 孔雀草从移栽到开花需要 2~4 周。

1) 水分 保持基质湿润,不要让植物萎蔫。浇水遵循不干不浇、浇要浇透、见干见湿的原则,生长初期可以适当多给水分,但在出圃前一周左右宜保持干燥,防止徒长。

2) 温度 生长适温度 18~20℃。孔雀草移植后温度控制在 20℃左右,但不要低于 15℃,温度过低会推迟开花,甚至不开花。保持昼温在 18~22℃,夜温 13~16℃,冬季夜温在 10℃以上。

3) 光照 属日中性植物,喜全光照,生长开花均需要阳光充足,充足的光照可以促进开花,增加开花的数量。

4) 施肥 参照万寿菊栽后管理施肥措施。

5) 生长调控 控制孔雀草株高最有效的方法是对环境的控制。一旦种苗移栽成功,可以通过调节水分来控制株高,也可以控制施肥,尤其是控制铵态氮肥和磷肥的使用。另外,可使用的生长调节剂有 2 500~5 000 毫克/升比久。

4. 常见病虫害

(1) **常见病害** 叶斑病:主要危害叶、花、茎干。
(2) **常见虫害** 易受蚜虫、螨类、白粉虱等危害。
(3) **防治方法** 参见本书六有关内容。

(六) 三色堇

又名猫脸花、人面花、蝴蝶花、鬼脸花,堇菜科堇菜属二年或多年生草本植物。

1. 简介

(1) **形态特征** 株高 15~25 厘米,全株光滑,茎长而多分枝。叶互生,基生叶圆心脏形,茎生叶较狭。托叶宿存,基部有羽状深裂。花腋生,有总梗及 2 小苞片;萼 5 宿存,花瓣 5,不整齐,一瓣有短而钝之距,下面的花瓣有线状附属物并向后伸入距内。花期 4~6 月。花色瑰丽,有白、黄、紫红、玫红、猩红、橙、天蓝等颜色,纯色、复色或花朵中央带花斑(图 7-15、图 7-16、图 7-17)。蒴果椭圆形,呈三瓣裂,种子倒卵形,每克 700 粒,种子寿命 2 年。

图 7 – 15　黄斑三色堇

图 7 – 16　红斑三色堇

图 7 - 17　白斑三色堇

（2）**生长习性**　性较耐寒，喜凉爽和阳光充足环境，略耐半阴，怕高温和多湿，为我国传统的早春盆花。要求肥沃湿润的沙壤土，在贫瘠地，品种显著退化。

（3）**现主要栽培品种**　目前国内主要栽培的三色堇品种为国外进口和国产 F_1 代杂交品种，主要将进口品种简介如下：

1）超大花型三色堇 XXL 系列　美国泛美种子公司培育。超大花型三色堇品种，株高 20 ~ 25 厘米，冠幅 20 ~ 25 厘米。长势强健，抗热，对植物生长调节剂忍耐力较强。花柄短而壮，花坛栽植表现极为出色。适合于六七月播种，秋季销售。

2）超级宾哥系列（Matrix）　美国泛美种子公司培育。大花型三色堇品种。株高 20 厘米，冠幅 20 ~ 25 厘米。分枝性极强，在花芽分化之前，幼苗就能满盆，不易徒长，冠幅大，花柄短而强健，花大，花瓣厚，花色艳丽丰富。开花期一致。

3）宾哥系列（Bingo）　美国泛美种子公司培育。大花型三色堇品种。株高 20 厘米，冠幅 20 ~ 25 厘米。花柄短而强健，十分适于运输，花量大，大型的花朵向上昂起，株型紧凑，分枝多，花期长，是晚秋和早春花坛的理想选择。

4）宝贝宾哥系列（Bingo）　美国泛美种子公司培育。中花型三色堇品种。株高 15 ~ 20 厘米，冠幅 20 ~ 25 厘米。分枝性好，开花量大，具有特殊花色如黑色的品种。

5）潘诺拉系列（Panola）　美国泛美种子公司培育。多花型三色堇品种。株高 15 ~

20厘米,冠幅20~25厘米。具有15个单色和9个混色品种,各品种开花间隔5~7天,生长习性更整齐。该系列综合了三色堇和角堇的最佳特性,是适于花园和景观美化多季节栽培的顶级品种系列,开花早,花量大,持续开花能力强,株型紧凑,不易徒长。

6)雨系列(Rain) 美国泛美种子公司培育。小化型三色堇品种。株高25~30厘米,冠幅30~40厘米,花径4厘米。具有垂吊习性,越冬能力强,早花,早春条件下,比其他三色堇品种开花早2~4周。秋季表现优秀,适于吊篮和大型容器栽植。

7)活力柠檬黄系列(Fizzy Lemonberry) 美国泛美种子公司培育。带褶边的黄色花瓣,花边深紫色,有些花朵完全呈现紫色和黄色。在冷凉条件下,褶边效果更为明显。株高15~20厘米,冠幅20~25厘米。

2. 穴盘育苗

北方地区用花,一般花期控制在五一。五一用花通常在9月中下旬播种。十一用花需控制温度条件,总体长势弱于二年生苗。三色堇种子较规则,可以人工播种,也可以用播种机播种。

(1)*播种* 基质pH 5.5~6.2、EC 0.5~0.75毫西/厘米。播种后覆盖一薄层粗蛭石,覆盖厚度以刚盖上种子为好。

(2)*播种后管理* 三色堇正常条件下播种后7~10天即可发芽,育苗周期为5~7周。

1)温度 发芽温度18~24℃,子叶出土后将温度降低至16~24℃,真叶生长温度为16~24℃。穴盘苗移栽以前进一步将栽培温度降至13~18℃。

2)光照 出苗后白天控制光照在10 000~12 000勒,夜间不宜光照,否则容易出现花蕾过早出现的情况。

3)水分 发芽期保持土壤潮湿,接近饱和。子叶展开后,让土壤稍干燥再浇水,以促进萌芽和根的生长。快速生长期时,要等到土壤彻底干燥时再浇水,但要防止长期萎蔫。炼苗期待土壤彻底干燥后再灌溉,有干湿交替的周期变化。

4)施肥 在子叶完全展开真叶出现后开始施肥。可以施低浓度50毫克/升左右的氮肥或以钙为基础的复合肥料(13-2-13-6Ca-3Mg)作为养分补充,快速生长期施肥浓度上升到150毫克/升,EC控制在0.7~1毫西/厘米,不能高于1.5毫西/厘米。

5)生长调控 控制穴盘苗的生长,首先是要控制环境,比如控制温度不能超过20℃,浇水保持见干见湿,施肥浓度不能过大等。如有必要可使用生长调节剂。

3. 移栽及栽后管理

(1)*移栽* 三色堇从播种到移栽需6~7周,当穴盘苗长到5~6片真叶开始移栽上盆。营养钵规格为13厘米×13厘米。要及时移栽防止出现小老苗。

（2）**苗期管理** 三色堇从移栽到开花需要6~8周。在北方可以阳畦越冬，3月下旬时，可以根据当地的气候，逐渐移出棚外。之前最好通风炼苗4~5天，使三色堇充分适应外界环境后再移出棚外。

1）水分 上盆后等到土壤稍干燥后再浇水，由于温度低、湿度大，盆内的水分往往较大，一般一个月浇一次水即可。三色堇在生长过程中以稍干燥为宜，幼苗期如盆土或苗床过湿，容易遭受病害。茎叶生长旺盛期可以保持盆土稍湿润，但不能过湿或积水，否则影响植株正常生长发育，甚至枯萎死亡。花期多雨或高温多湿，茎叶易腐烂，开花期缩短，结实率降低。

2）温度 在北方可以阳畦越冬，阳畦内搭一层拱棚，以保证温度，白天中午棚内温度高时，可打开拱棚的塑料布通风。在这期间如果温度过低，会引起叶面皱缩。喜温凉，不耐高温，生长适温15~20℃，在炎热夏季生长不良，在昼温15~25℃，夜温3~5℃的条件下发育良好，能耐-15℃的低温。

3）光照 三色堇对光照反应比较敏感，若光照充足，日照时间长，则茎叶生长繁盛，开花提早；如果光照不足，日照时间短，会开花不佳或延迟开花。

4）施肥 三色堇开花前，需要大量的养分。此时应根据长势施磷、钾肥，灌根或叶面喷施，促其开花茂盛。畸形和褶皱的叶子说明缺钙，为了避免这种情况，可在移植前施用硝酸钙或在基质中添加硫酸钙肥料。

5）生长调控 可用低温控制三色堇徒长，也可用植物生长调节剂来达到此目的。在春季气温渐升的时期，将塑料大棚两侧打开降温。也可以在5~6片叶时喷施4 000~5 000毫克/升比久溶液，喷到溶液刚好沿茎叶往下流为止。喷施后能使植株叶色浓绿，低矮紧凑，但只能在营养生长期（开花前）喷施。

4. 常见病虫害

（1）**常见病害**

1）炭疽病 主要危害花瓣、叶片。

2）灰霉病 主要危害花瓣、叶片。

3）根腐病 主要危害根。

（2）**常见虫害** 易受蚜虫和红蜘蛛危害。

（3）**防治方法** 参见本书六有关内容。

（七）长春花

又名金盏草、四时春、日日新等，夹竹桃科长春花属多年生草本，常作一二年生栽培。中国虽栽培历史不长，但新品种的引进数量不小。

1. 简介

（1）**形态特征** 全株具毒性。株高30～60厘米，茎近方形，有条纹，灰绿色，节间长。叶膜质，倒卵状长圆形，叶脉在叶面扁平，在叶背略隆起。聚伞花序腋生或顶生，有花2～3朵。花萼5深裂，花冠红色，高脚碟状，花冠筒圆筒状，见图7－18。花期、果期几乎全年。每克种子450～800粒。

图7－18 长春花

（2）**生长习性** 性喜温暖耐半阴，不耐严寒，最适生长温度为20～33℃，冬季温度不低于10℃。喜阳光，若长期生长在荫蔽处，叶片发黄落叶。忌湿怕涝，盆土浇水不宜过多，过湿影响生长发育。尤其室内过冬植株应严格控制浇水，以干燥为好，否则极易受冻。一般土壤均可栽培，但盐碱土壤不宜，以排水良好、通风透气的沙质或富含腐殖质的土壤为好。

（3）**现主要栽培品种** 长春花分为直立生长型与垂吊生长型。现国内主要栽培品种大多为国外公司进口，现简介如下：

1）大力神系列（Titan） 美国泛美种子公司培育。直立生长型，株高35～40厘米，冠幅25～30厘米，为杂交F_1代种。生长习性整齐一致，花期早。抗逆性强，凉爽潮湿、炎热干燥地区均能种植。

2)太平洋系列(Pacifica) 美国泛美种子公司培育。直立生长型,株高 25 ~ 35 厘米,冠幅 15 ~ 20 厘米,花色艳丽新颖,花量大,花瓣重叠。分枝性好,抗逆性强。

3)维特系列(Vitesse) 英国弗伦诺瓦公司培育。株高盆栽 15 厘米,地栽 30 ~ 35 厘米,杂交 F_1 代种,花径 5 ~ 6 厘米,株型紧凑,分枝能力强。较常规品种有更强的抗病性。

4)卡拉瀑布系列(Cora Cascade) 荷兰先正达种子公司培育。垂吊生长型,株高 15 ~ 20 厘米,蔓长 80 ~ 90 厘米,杂交 F_1 代种。花径 6 厘米,花量繁多,耐热耐湿,播种到开花 3 ~ 4 个月。

5)地中海系列(Mediterranean) 美国泛美种子公司培育。垂吊生长型,株高 10 ~ 15 厘米,冠幅 50 ~ 75 厘米。花色齐全,包括纯红色和纯白色,花早生繁茂。

6)胜利系列(Victory) 日本坂田公司培育。直立生长型,株型紧凑、花径大。花期极早,分枝性强,不易徒长。根系发达抗病性强。

7)热浪系列(Heat Wave) 直立生长型,株高 25 ~ 30 厘米,大花品种,开花早,花色纷繁艳丽,分枝性强。生长适温 15 ~ 22℃,播种到开花 3.5 ~ 4 个月。

8)太阳风暴系列(Sun Storm) 荷兰先正达种子公司培育。直立生长型,株高 20 ~ 30 厘米,花色丰富,叶色浓绿。分枝性好,抗逆性强。

9)太阳雨系列(Sun Shower) 荷兰先正达种子公司培育。垂吊生长型品种,株高 20 ~ 30 厘米,植株长势旺盛,分枝性强。株型大,垂吊感强。

10)杏喜系列(Apricot Delight) 株高 25 厘米,花粉红色,花径 4 厘米。

2. 穴盘育苗

(1)播种 穴盘规格可选用 288 孔,基质 pH 5.8 ~ 6,播后用粗蛭石覆盖。

(2)播种后管理 长春花发芽天数为 3 ~ 6 天,育苗周期 4 ~ 5 周。

1)温度 第一阶段胚根长出,适宜温度为 24 ~ 26℃。子叶出土阶段需温 22℃左右,真叶生长阶段为 21 ~ 22℃。

2)光照 第一阶段需黑暗条件,进入第二阶段后使日照时间达到每天 12 ~ 18 小时,主根可长至 1 ~ 2 厘米,子叶展开,长出第一片真叶,控制光照强度在 25 000 ~ 30 000 勒,后逐渐增加至 50 000 勒。

3)水分 子叶出土前基质保持相对湿度 95%,胚根一露出就要控制水分含量,以后逐渐降低。介质稍干后浇水可以促进发芽,控制病害。

4)施肥 子叶未完全展开时,用 15 - 0 - 15 的硝酸钙和硝酸钾喷施,子叶充分展开后可每周交替施用 50 ~ 75 毫克/升的 14 - 0 - 14 和 20 - 10 - 20 水溶性肥料。真叶生长时适度加大施用浓度,同时喷施保护性杀菌剂,预防猝倒病,立枯病。

5)生长调节 为控制穴盘苗生长,首先要调整环境、养分和水分。必要时也可施用 1 000 ~ 2 500 毫克/升的比久,根据品种及生长时期不同,适当调整施用浓度。

3. 移栽及栽后管理

(1) **移栽** 穴盘苗长至 5~6 片真叶时移植上盆。直立生长型品种可直接移 12 厘米×12 厘米的营养钵内。垂吊型品种,可先移到 8 厘米×8 厘米的营养钵内,5~6 周后移到直径 25~30 厘米的栽培容器内,每盆 5~6 棵苗。

(2) **栽后管理** 长春花从移栽到开花需 7~8 周。

1) 温度 苗期适宜生长温度为 15~25℃,昼温为 24℃ 或高于 24℃,温在 15~20℃。长春花花期从 5 月持续至 11 月,若保持适宜温度,可持续开花不断。长春花对低温比较敏感,低于 15℃ 以后停止生长,低于 5℃ 会受冻害,管理时要合理控制温度。

2) 水分 长春花需水量不大,随时保持湿润即可。水分过大,长春花极易发生病害。

3) 光照 长春花为阳性植物,生长、开花均要求阳光充足。生长期阳光充足,叶片苍翠有光泽,花色鲜艳。若长期生长在荫蔽处,叶片发黄落叶。要防止炎热夏季阳光直晒。

4) 施肥 当幼苗经过第一次摘心后,每 7~10 天施 1 次水溶性复合肥 20-10-20,浓度 200~300 毫克/升。生长后期可施用 150 毫克/升的复合肥,氮、磷、钾比例为 1:1:1,防止叶片繁茂,开花数量少。保持基质 pH 5.6~6。

5) 生长调控 长春花可以不摘心,但为了获得良好的株型,需要摘心 1~2 次。第一次在 3~4 对真叶时进行,第二次摘心可在第一次摘完 15~20 天进行,新枝留 1~2 对真叶。为使花期提前可喷施促花王 3 号,促进花芽分化,多开花。花芽分化期,喷施花朵壮蒂灵,可促使花蕾强壮、花色艳丽、花期延长。为控制株高可喷施比久与多效唑。

4. 生产中的常见问题及注意事项

☞长春花繁殖方式为种子繁殖与扦插繁殖。生产中为了节约成本,部分种植者采用扦插繁殖。可在春季取越冬老株上的嫩枝作为插穗,剪取 8 厘米长,附带部分叶片,插于湿润的沙质壤土中,生根温度为 20~25℃,注意遮阴、通风及保持湿度,可以在盆土和插穗上覆盖一层薄膜来保湿。苗高 10 厘米时,打顶摘心,可先移栽到 8 厘米×8 厘米的营养钵,逐渐长高后定植于 12 厘米×13 厘米的营养钵。

☞长春花花蕾露色至盛花前出圃,冠幅应在 20~25 厘米,株型整齐、饱满,开花一致。不耐长途运输,在高温季节装车后最好不要超过 24 小时,低温季节也不要超过 48 小时。

5. 常见病虫害

(1) **常见病害**

1) 茎腐病 主要危害茎。

2) 根腐病 主要危害根。

3）灰霉病　主要危害叶片。

4）锈病　主要危害叶片、茎。

（2）**常见虫害**　易受蚜虫、蓟马危害。

（3）**防治方法**　参见本书六有关内容。

（八）翠菊

又名江西腊、七月菊,菊科翠菊属一年生草本植物。原产中国北部,现世界各地广为栽培。

1. 简介

（1）**形态特征**　全株疏生短毛,茎直立,上部多分枝20～100厘米。叶互生,叶片卵形至长椭圆形,有粗钝锯齿,下部叶有柄,上部叶无柄。头状花序单生枝顶,总苞片多呈苞片叶状,外层草质,内层膜质,见图7-19。野生原种呈浅堇至蓝紫色,栽培品种花色丰富,有绯红色、桃红色、橙红色、粉红色、浅粉色、紫色、墨紫色、蓝色、天蓝色、白色、乳白色、乳黄色及双色等。翠菊可依据多种形态特征进行分类,株高、瓣型都可作为分类依据。种子瘦果楔形,在常温下只可保持两年,每克420～430粒。

图7-19　玫红翠菊

（2）**生长习性**　翠菊喜温暖、湿润和阳光充足环境，怕高温多湿和通风不良。翠菊为浅根性植物，喜适度肥沃、潮润而又排水良好的壤土或沙质壤土，在华北地区栽培，应注意灌溉，但太湿易造成倒伏并易患病害。

（3）**现主要栽培品种**　翠菊栽培品种繁多，按株干高度分为高干种45～75厘米、中干种30～45厘米、矮干种15～30厘米。花型有彗星型、驼羽型、管瓣型、松针型、菊花型等。翠菊品种为常规种，目前国内主要栽培品种简介如下：

1）流星系列（Meteor）　美国泛美种子公司培育。株高80～100厘米，花大，直径9～10厘米，极强的生长势，十分适合田间露地栽培和温室促成栽培，具有非常一致的株高和生长期，每枝有3朵花着色后即可收获。作为庭院切花表现亦十分出色。有胭脂红、玫瑰粉色、黄色和混色。

2）阳台小姐系列（Pot'N Patio）　美国泛美种子公司培育。株高15厘米，冠幅15厘米，矮生品种，在短日照的冬天和早春不用补充光照，90天就可以开花，盆栽和组合盆栽表现优异。花重瓣，花径5～7厘米，作为10厘米盆栽或盘盒容器栽培，适于彩色花钵和阳台盆栽，不适于园林地栽。花色有蓝色、粉红色、猩红色、白色和粉色。

3）仕女系列（Milady）　该系列是最主要的矮生翠菊，株高25～30厘米，花径10厘米，重瓣大花，颜色亮丽。分枝性强，株型紧凑，适于盆栽和花坛栽培，为夏秋季节理想的花坛品种。有深蓝色、玫瑰红色、浅紫色和猩红色。

4）丝带系列（Ribbon）　英国TM公司培育，包含红丝带和蓝丝带两个品种，红色和蓝紫色的花瓣上镶嵌白色条纹。株型紧凑，花朵密集，盆栽表现优异。

5）小行星系列（Asteroid）　株高25厘米，菊花型，花径10厘米。有深蓝、鲜红、白、玫瑰红、淡蓝等色，从播种至开花120天。

2. 穴盘育苗

在保护地条件下，翠菊一年四季都可以播种育苗。以播种繁殖为主，因品种和应用要求不同决定播种时间。一般多春播，但也可秋播，若早春2月、3月在温室播种，则5月、6月开花，7月中旬播种的翠菊可在翌年1月开花，10月20日播种的在翌年4月开花，5月20日播种的在9月开花。盆栽翠菊从2月到5月均可播种，播种到成苗16～18周。如在11月或12月播种，从播种到成苗要20～22周。

（1）**播种**　基质可按泥炭∶蛭石∶珍珠岩＝4∶1∶1配制，pH 6～6.5、EC 0.5～0.75毫西/厘米。预先润湿基质，播种后覆盖一薄层粗蛭石，覆盖厚度以刚盖上种子为好。

（2）**播种后管理**　翠菊正常条件下播种后8～10天即可发芽，育苗周期为5～6周。

1）温度　发芽温度20～21℃，子叶出土后将温度降低至18～20℃，真叶生长温度为15～17℃。穴盘苗移栽以前进一步将栽培温度降至15～18℃。

2）光照　出苗后光照强度要小于25 000勒，强光照和短日照都会促进植株提早开花,影响种苗质量。

3)水分 子叶出土前,保持基质相对湿度在100%。真叶长出后,一般将基质相对湿度降到30%左右,两次浇水之间让基质有干透的过程,但过度干燥会导致早熟开花,以基质干透,植株叶子刚刚出现萎蔫现象时喷水为宜。

4)施肥 在子叶完全展开,真叶出现后开始施肥。以含钙的硝态氮复合肥为主,第一次施肥应先用50～75毫克/升的水溶性氮肥,使地上部分先有一定的生长,以后以50毫克/升为梯度每次递加。种苗快速生长期,可以浇1次水,施1次肥,交替施用150毫克/升的14-0-14和20-10-20水溶性复合肥。

5)生长调控 控制穴盘苗的生长,首先是要控制环境。控制温度不能超过20℃,浇水保持见干见湿,施肥浓度不能过大等。必要时可使用植物生长调节剂。

3. 移栽及栽后管理

(1)**移栽** 翠菊从播种到移栽需5～6周,当穴盘苗长到4～5片真叶且根系盘好基质时可进行移栽,直接移植到13厘米×13厘米的塑料营养钵中。

(2)**栽后管理** 翠菊从移栽到开花需要6～7周。

1)温度 翠菊生长适温为15～25℃,冬季温度不低于3℃,若0℃以下茎叶易受冻害,夏季温度超过30℃,开花延迟或开花不良。

2)水分 翠菊根系很浅,夏季干旱时需经常灌溉,高型品种需设支架。上盆后等到土壤稍干燥后再浇水,遵循不干不浇、浇要浇透、见干见湿的原则,以促进根的生长,使地上、地下部分生长均衡。保持盆土湿润,有利于茎叶生长。同时,盆土过湿对翠菊影响更大,引起徒长、倒伏和发生病害。

3)光照 翠菊为长日照植物,对日照反应比较敏感,在每天15小时长日照条件下,保持植株矮生,开花可提早。若短日照处理,植株长高,开花推迟。自然花期,因品种及播种期不同而异。单一品种盛花期较短,15天左右,但翠菊的整个自然花期较长,最早开花品种至最晚开花品种有一个多月时间。

4)施肥 翠菊喜肥,栽植地应施足基肥。生长期间,每隔15～20天施用腐熟的有机质或化学肥料1次。肥料过多或浓度过高会导致开花延迟,以多元素复合肥为主,不建议单独使用氮肥。孕育花蕾时至开花后期,可以追施3%～5%磷酸二氢钾水溶液,喷施或灌根均可,可促进开花繁盛。

5)生长调控 翠菊植株多分枝,枝端都有花,但每朵花的花梗较长3～14厘米,开花时花头分散而略下垂,因而影响观赏价值。采用多效唑控制花梗高度,可以获得良好效果。方法是在花蕾出现初期,用100毫克/升多效唑溶液喷洒,能有效控制花梗伸长,花蕾丰满硕大,开花时花朵紧凑美观,别具一格。如要求花序直径达到品种特征,大花种要注意疏枝,每株以留5～7枝为宜。

4. 常见病虫害

(1)常见病害

1)锈病　主要危害叶片。

2)黑斑病　主要危害叶片。

3)立枯病　主要危害茎干。

(2)常见虫害　易受红蜘蛛、蚜虫危害。

(3)防治方法　参见本书六有关内容。

(九)天竺葵

又名洋绣球、石蜡红、玻璃翠、日烂红等,牻牛儿苗科天竺葵属多年生草本植物,常作一二年生栽培。原产南非。

1. 简介

(1)形态特征　株高30~60厘米,茎直立、多汁,基部稍木质化。叶柄长3~10厘米,被细柔毛和腺毛。叶片圆形或肾形。伞形花序顶生,有总长梗,花蕾下垂,萼片狭披针形,长8~10毫米,外面密腺毛和长柔毛。花瓣红色、橙红色、粉红色或白色,宽倒卵形,花有单瓣、半重瓣、重瓣类型。天竺葵分直立型(图7-20)与垂吊型(图7-21)。蒴果长约3厘米,被柔毛。花期5~7月,果期6~9月。每克种子200~250粒。

图7-20　直立型天竺葵

图 7-21　垂吊型天竺葵

（2）**生长习性**　属日中性花卉，对光照时间长度不敏感。喜冷凉气候，生长适温 5~25℃，冬季寒冷地区稍做保护即可越冬，6~7 月间呈半休眠状态。宜肥沃、疏松和排水良好的沙质壤土，喜阳光充足环境，忌高温高湿，湿度过高则极易徒长，稍耐干旱。花期可以从春天持续到秋天，不间断开花。光照较强时，常作遮阳处理。

（3）**现主要栽培品种**　目前国内外栽培的主要品种简介如下：

1）地平线系列（Horizon）　英国弗伦诺瓦公司培育。株高 25~30 厘米，基部分枝性好，头状花序 7~8 厘米，小花 3~4 厘米，对生长调节剂反应敏感，可用其控制株高。生长适温 15~20℃，冬季至早春播种，夏初开花，夏季高温易休眠。播种到开花 3~3.5 个月。

2）美国史系列（Americana）　荷兰先正达种子公司培育。直立半重瓣球型品种，花期早，花色丰富，有亮红色、珊瑚色、亮玫红色、亮宝石红色、红色、深玫红色、深粉色和深红色的双色、粉蓝白眼、深粉色、深粉红眼、玫红红眼双色、鲑红色、白色。单瓣球型品种"美国史-09 版白斑"花色为白色红眼。

3）龙卷风系列（Tornado）　荷兰先正达种子公司培育。垂吊型品种，株高 15 厘米，冠幅 30~35 厘米。花单色，分枝能力强，花期长，可修剪，多次开花。

4）夏雨系列（Summer Showers）　美国泛美公司培育。垂吊型品种，常春藤型叶片。株高 30~38 厘米，冠幅 30~38 厘米。花大，植株长势强，有一定的直立生长性。抗性强，高温潮湿气候下也能正常生长。

5）中子星系列（Pulsar）　荷兰先正达公司培育。株高 30 厘米，分枝能力强，生长势旺盛,栽培简便。多花型,花朵大,花期长。

6)黑天鹅绒系列(Black Velvet) 日本泷井公司培育。叶片中间巧克力色,边缘带有一圈狭窄的绿边,耀眼夺目。叶片的着色伴随植株的生长而出现,最初的几片叶子表现并不明显,适合家庭种植。

7)破晓系列(Breakaway) 叶色深绿,深褐色马蹄纹。生长健壮,迅速,极其耐热,枝条延展性佳,可作垂吊或大型花盆栽培应用,小花3~4厘米,耐低温,冬季5℃以上开花良好。

8)景象系列(Video) 叶色浓绿,叶纹深褐色,耐热性强,植株矮小紧凑,不需生长调节剂,盆栽效果极佳。小花3~4厘米,花球直径7厘米。

2. 穴盘育苗

天竺葵一般在冬末和初春进行播种。夏末播种,越冬温度保持在5℃以上。

(1)**播种** 基质的配制可在泥炭加蛭石的基础上加入10%珍珠岩。基质pH 6.2~6.5,EC 0.75~1毫西/厘米。种子发芽具厌光性,需覆盖3~5毫米的粗蛭石。

(2)**播种后管理** 天竺葵播种到发芽5~10天,育苗周期6~7周。

1)第一阶段 发芽适温21~24℃,需3~5天,湿度保持在90%左右。

2)第二阶段 需5~10天,温度为20~22℃,湿度可降至70%。开始交替施用15-0-15与20-10-20肥料,浓度50毫克/升为宜。

3)第三阶段 需14~21天,温度降至18~21℃,施肥浓度可增至100~150毫克/升,适当控制水分,防止徒长。

4)第四阶段 需7天左右,温度控制在18℃左右。适当增加光照强度。

3. 移栽及栽后管理

(1)**移栽** 当穴盘苗长到4~6片真叶,根部盘好时可进行移栽,秋播直接移入13厘米×15厘米口径的营养钵。

(2)**栽后管理** 天竺葵从播种到开花需要13~15周。

1)水分 天竺葵不耐水湿,保持基质中等湿润即可。过多的水分会造成天竺葵根茎比例失调,还会引起真菌的繁殖易患根腐病和灰霉病。水分也不易过少,干旱的条件会造成根系周围盐分积累造成根部受伤。根据天竺葵叶片的表现就可以判断基质是否缺水。当下部叶片变为黄色或者红色时,可能是由于基质缺水导致。浇水遵循不干不浇、浇要浇透、见干见湿的原则,生长初期可以适当多给水分,但在出圃前一周左右宜保持干燥,防止徒长。

2)温度 天竺葵性喜凉爽,不耐热,生长适温5~25℃。当温度过高时会造成天竺葵半休眠,开花会造成严重影响。春季适宜其生长,秋冬季要注意夜温不要低于5℃。

3)光照　天竺葵喜欢阳光充足的环境,保持生长环境为全日制状态,使其积累足够的光照,保证生长良好、开花不断。光照不足严重影响开花,但是在开花期阳光直射会造成花瓣凋落。天竺葵需要光照积累到一定时间才可以开花,生产中根据不同品种的不同特性对光照会有所不同。

4)施肥　天竺葵对铵态氮比较敏感,容易发生中毒现象。中毒时表现为叶片坏死,老叶卷曲。因此,在使用此类氮肥时浓度不宜超过 10 毫克/升,应适当提高硝态氮的比例。有研究表明,当使用的硝态氮肥比例占总氮量的 75% 以上时会减少中毒状况。阳光充足时可施用 20 - 10 - 20,使叶片伸展和着色。硼元素是天竺葵生长开花所必要的元素,不同品种对硼元素的需要量有所不同,使用范围在 30 ~ 280 毫克/升。

5)生长调节剂　天竺葵在生长过程中一般使用矮壮素以达到控制株型的目的。

4. 生产中常见问题及注意事项

☞天竺葵有两种繁殖方式。一是种子繁殖,在上面已经叙述,还有一种是扦插繁殖。扦插基质可用素沙、珍珠岩、泥炭、蛭石等材料。扦插时选取生长健壮、无病虫害的健康枝条,剪成 10 厘米左右的小段,只保留上部叶片,插入基质后浇透水,在阴凉处缓苗 1 周左右。成活后即可进行正常的养护管理。

☞天竺葵的夏季会发生半休眠,因此在盛夏需要给予特别的栽培管理。首先,天竺葵在夏季要进行遮光处理,防止高温和阳光直射对植株的伤害。可以采用荫棚遮光的方法,温度过高时适当在地面洒水以达到降温的目的。其次,夏季水分蒸发较快,需要及时浇水,但要防止天竺葵由于雨水或者灌溉不当导致的积水,发生这种现象要及时排水。再次,为了防止徒长,在天竺葵夏季休眠时期应减少施肥或者不施肥。

5. 常见病虫害

(1)**常见病害**

1)猝倒病　主要危害种子和幼苗。

2)叶斑病　主要危害叶片。

3)根腐病　主要危害根部。

(2)**常见虫害**　易受红蜘蛛、粉虱危害。

(3)**防治方法**　参见本书六有关内容。

(十)金鱼草

又名龙头花、狮子花、龙口花。玄参科金鱼草属多年生草本,常作一二年生栽培。原产地中海,现我国各地均有栽培。

1. 简介

（1）**形态特征**　植株挺拔,株高20～70厘米,叶片长圆状披针形。下部叶对生,上部叶常互生。总状花序顶生,每朵花长3.5～4.5厘米,二唇形左右对称,花冠筒状唇形基部膨大成囊状,颜色多种,从红色、紫色至白色,见图7-22。有白、淡红、深红、肉色、深黄、浅黄、橙黄等色。果实为蒴果卵圆形,每克种子5 000～6 500粒。

图7-22　金鱼草

（2）**生长习性**　金鱼草性喜凉爽气候,忌高温及高湿,耐寒性较好。喜全光,稍耐半阴。花期很长,3～6月。喜疏松、肥沃、排水良好的土壤,对碱性土壤稍有耐性。有自播繁衍能力。

（3）**现主要栽培品种**　金鱼草依株高可分为切花型、中型、矮生型及超矮生型。现国内主要栽培的品种多为国外进口。主要品种简介如下:

1）锦绣系列（Snapshot）　美国泛美公司培育。矮生品种,株高15～25厘米,冠幅25～30厘米,精选冷季型品种。花色丰富、花量繁多,生长势强,株型整齐。

2）编钟系列（Chimes）　美国泛美公司培育。株高15～20厘米,冠幅15～20厘米。底部分枝性好,分枝多呈灌丛状,花色清澈明亮,株型整齐一致,花色丰富,花期长。

3）花毯系列（Floral Carpet）　日本坂田公司培育。长势一致,株高15～20厘米,株型紧凑,分枝性好。冷凉地区,如春季播种,夏季花坛变表现非常精彩。

4)诗韵系列(Sonnet)　日本坂田公司培育。中高型品种,株高25~35厘米,根系发达,分枝性好,容易栽培。

5)花雨系列(Floral Showers)　四倍体矮生种,株高15~20厘米,分枝性好,其中双色种更为诱人。

6)大卫系列(Kim)　矮生早生品种,短日照也能开花。株高25~30厘米,花穗长度10~15厘米,花径3厘米,播种到开花需3~4个月。

7)调色板系列(Palette)　矮生盆栽品种,株高15~20厘米。生长旺盛,整齐一致。开花早,花色丰富,花期长。适合盆栽及花坛种植。

8)至日系列(Solstice)　美国泛美公司培育。中等株高40~50厘米,冠幅25~35厘米,属冬季开花型品种,与其他同等高度的金鱼草品种相比,开花早30~60天。

9)火箭系列(Rocket)　美国泛美公司培育。切花型品种,株高75~90厘米。生长强健,耐高温,株型整齐,花色繁多。既可用于园林造景,也可用于切花生产。

10)早生波托马克系列(Early Potomac)　美国泛美公司培育。切花型品种,株高1~1.5米,茎干高大,花穗修长。花期早,适于秋冬季采收。

11)将军系列(Admiral)　日本坂田公司培育。切花型品种,花期早,花色洁净艳丽,花量繁多密集。冬季短日照条件下,长势一致。

12)阳光系列(Sunshine)　切花型品种,株高100~120厘米,植株健壮,花色亮丽,花穗长90厘米,花径3.5厘米。

2. 穴盘育苗

北方地区,因夏季炎热,不利于金鱼草生长,多为五一用花,于前一年的12月底至翌年1月初播种,发芽天数为4~7天。

(1)**播种**　基质pH 5.5~5.8。播种后需覆盖薄层粗蛭石。

(2)**播种后管理**

1)第一阶段　需4~7天,发芽温度为18~20℃,基质中等湿度即可。无须光照。

2)第二阶段　需7~14天,温度仍保持在8~20℃,幼根出土后降低湿度,基质稍干后再浇水。光照强度5 000~16 000勒。子叶完全展开后每周施用1次50~75毫克/升的氮肥或硝酸钾(钙),注意铵根离子浓度要低于10毫克/升。

3)第三阶段　真叶生长阶段需14天,温度为17~18℃。在避免植株萎蔫的前提下,可待土壤干燥时再进行浇水。此阶段氮肥施用浓度为100~150毫克/升。可施用1.5克/升硫酸镁或硝酸镁1~2次,补充植株对镁的需求。

4)第四阶段　炼苗阶段需7天,温度为16~19℃。控制浇水量及次数,给予较强的光照。此阶段避免施用铵态氮肥。

5)生长调节　如有必要,可在第三阶段喷施10毫克/升的嘧啶醇来控制株高。

3. 移栽及栽后管理

穴盘苗从播种到移栽需 5 ~ 6 周,整个生长期为 10 ~ 14 周,切花型品种则需 18 ~ 21 周。

(1) **移栽**　穴盘苗长到 5 ~ 6 片真叶,根部盘好时进行移栽,栽培基质 pH 5.5 ~ 6.2。矮生品种可直接移入 10 厘米 × 12 厘米的营养钵内,中型品种则需要二次换盆,最终定植在较大的营养钵内。切花品种可直接定植于露地。

(2) **栽后管理**

1) 温度　高温对金鱼草生长发育不利,开花适温为 15 ~ 16℃,昼温控制在 16 ~ 22℃,夜温 10 ~ 15℃。有些品种温度超过 15℃,不出现分枝,影响株态,低于 10℃会抑制花蕾形成。

2) 水分　金鱼草对水分比较敏感,盆土必须保持湿润,盆栽苗必须充分浇水。但盆土排水性要好,不能积水,否则根系腐烂,茎叶枯黄凋萎。浇水时间要尽量提前,以免水滴残留在叶子上过夜。

3) 光照　金鱼草为喜光性植物,阳光充足条件下,植株矮生,丛状紧凑,生长整齐。光照不足,植株易徒长,花色暗淡,严重影响开花效果。属中性植物,对光照长短反应不敏感,如花雨系列对日照长短几乎不敏感。在光照强度不足的条件下应补光。

4) 施肥　于灌溉次日施肥,可用 150 毫克/升的 15 - 0 - 15 与 20 - 10 - 20 的氮肥交替施用。应避免使用铵态氮肥,防止出现烂根。

5) 生长调控　金鱼草对昼夜温差敏感,利用昼夜温差能很好地控制株高,昼夜温差小时,植株相对低矮。必要时可施用适量浓度的比久、多效唑等控制株高。对中型或矮生品种可进行摘心处理,可控制花期、使植株矮化。一般在苗高 12 厘米左右时第一次摘心,植株长到 20 厘米时第二次摘心,可促使侧枝生长,植株矮化,推迟花期。

4. 生产中常见问题及注意事项

☞ 金鱼草依品种不同,株高差异大,对栽培环境的适应性也有明显差异,在生产中要根据品种特性进行管理。

☞ 为了增加分枝,当幼苗长至 10 厘米左右时,可进行摘心,但用作切花品种的不宜摘心,而要剥除侧芽,使养分集中在主枝上,但随着花枝生长要及时用细竹绑扎,使其挺直。

5. 常见病虫害

(1) **常见病害**

1) 灰霉病　主要危害叶、幼茎、花。

2）霜霉病　主要危害叶片,各阶段均可发生。

3）锈病　主要危害茎、叶。

4）白粉病　主要危害叶片、茎。

（2）**常见虫害**　易受蓟马、蚜虫危害。

（3）**防治方法**　参见本书六有关内容。

（十一）百日草

又名百日菊、步步高、步登高等,菊科百日草属一年生草本,原产墨西哥,我国各地广泛栽培。

1. 简介

（1）**形态特征**　茎直立,株高 30～100 厘米。叶对生、无柄、卵圆形或长圆状椭圆形。头状花序,单生枝端,花径 5～15 厘米。管状花顶端 5 裂,黄色或橙黄色,舌状花多轮,倒卵形近扁盘状,除蓝色外,各色均有,见图 7-23,图 7-24。花期 6～10 月,果期 7～10 月。舌状花所结瘦果广卵形至瓶形,顶端尖,中部微凹,管状花所结瘦果椭圆形,较扁平,形较小。每克种子 150～200 粒。

图 7-23　玫红百日草

图 7-24 大红百日草

(2)**生长习性** 喜阳光充足温暖的环境,不耐寒忌酷暑,植株长势强健,不易倒伏,耐干旱耐瘠薄,忌连作。喜欢肥沃富含有机质的土壤环境。生长期适温 15~30℃,适合北方栽培。

(3)**现主要栽培品种** 栽培品种可按花径分为大轮型、中轮型和小轮型三类。

现主要栽培品种也多为国外进口,国内也有培育。主要品种简介如下:

1)梦境系列(Dreamland) 日本泷井公司培育。株高低矮 20~40 厘米,花径 8~10 厘米,开花整齐一致,重瓣性强,生长适温 16~24℃。花期早,播种到开花 2~2.5 个月。

2)水晶系列(Crystal) 日本泷井公司培育。株高 15~30 厘米,单瓣花,花径 3~4 厘米,花量繁盛,花期长。株型紧凑,抗白粉病。

3)丰盛系列(Profusion) 日本坂田公司培育。株高 25~30 厘米,花径 4~6 厘米,花单瓣,株型整齐一致,分枝性强。耐热耐湿,抗病性强。

4)重瓣丰盛系列(Profusion Double) 日本坂田公司培育。株高 20~25 厘米,花径 4~6厘米,重瓣花,观赏价值高。

5)麦哲伦系列(Magellan) 美国高美公司培育。株高 30~35 厘米,冠幅 25~30 厘米。花径 10~12 厘米,完全重瓣,花色亮丽,具独特的橙色。

6)明星系列(Star) 美国泛美公司培育。株高 35 厘米,冠幅 20 厘米。单瓣星型花,直径 5 厘米,株型优美。具很强的耐涝、耐热和耐旱性。生长势强,抗黑斑病和白粉病。

7)盛会系列(State Fire) 美国泛美公司培育。株高 90~120 厘米,冠幅 30~35 厘米。花大重瓣,花色丰富。

8)繁花系列(Zahara) 美国泛美公司培育。株高 30~45 厘米,冠幅 30~45 厘米。花径大,花量繁多,抗病性强。

9)重瓣繁花系列(Double Zahara) 美国泛美公司培育。株高 40~45 厘米,冠幅 40~50厘米。重瓣性强,花朵硕大,需水量少。

2. 穴盘育苗

北方地区五一用花,可 2 月上旬在温室内播种,十一用花可 7 月中旬播种。百日草从播种到发芽需 2~5 天。

(1)*播种* 基质 pH 5.5~6,为嫌光性种子,播后需覆盖薄层粗蛭石。

(2)*播种后管理*

1)第一阶段 胚根萌发阶段,需 1~3 天,温度保持在 21~24℃。因百日草对高盐非常敏感,EC 在发芽阶段要小于 0.5 毫西/厘米。

2)第二阶段 茎与子叶出现,温度降低到 18~20℃,百日草高湿条件下极易感病,湿度控制在 50% 左右即可。此阶段 EC 可保持在 0.5~0.75 毫西/厘米。光照强度20 000 勒为宜。百日草是喜光植物,强度越大,开花越早。此阶段可少量施用 20~35 毫克/升的含钙复合肥。

3)第三阶段 穴盘苗进入快速生长阶段,保持基质相对湿度40%左右,温度控制在18℃左右。施用含钙的氮肥,浓度为 35~50 毫克/升。光照强度可增加至 30 000 勒。

4)第四阶段 炼苗阶段,将温度降至 16~18℃,同时增加光照强度至 35 000~40 000勒。

5)生长调节 必要时可施用浓度为 2 500 毫克/升的比久来控制株高。若没特别要求,通常不必施用生长调节剂。

3. 移栽及栽后管理

(1)*移栽* 当穴盘苗 5~6 片真叶,根部盘好时可进行移栽,可直接移入 13 厘米×13 厘米的营养钵内。切花品种可先移入营养钵内,待植株稍大、室外温度适宜时栽于露地。栽培基质 pH 5.5~6,EC 应保持在 1 毫西/厘米。

(2)*栽后管理* 百日草从移栽至开花需 10~11 周。

1)温度 百日草喜温暖,不耐酷暑高温和严寒。昼温 20~30℃、夜温 16~18℃,是其生长适宜温度条件,秋季下霜后植株逐渐死亡。

2)水分 夏天炎热水分蒸发快,需每天浇水,注意浇水时间要在下午 2~3 点前完成。保持环境通风可以防止植株徒长,减轻白粉病的发生。

3)光照 百日草喜温暖向阳环境。可直接采用全日照方式太阳直射,35 000 ~ 45 000 勒的光照,以加速诱导花芽的形成。若日照不足则植株容易徒长,抵抗力减弱,开花亦会受影响。

4)施肥 移栽后,每周施用氮浓度为 200 毫克/升的含钙肥料,氮、磷、钾含量为 13 - 2 - 13 或 14 - 4 - 14。百日草喜硝态氮肥,忌施或少施硫酸铵、碳酸氢铵等铵态氮肥。

5)生长调控 对株高的控制可使用比久、多效唑、烯效唑等,可单独施用也可混施。为相对短日照植物,可采取调控日照长度的方法调控花期。当日照长于 14 小时时,开花将会推迟,从播种到开花大约需要 70 天,此时的舌状花会明显增多。而当日照短于 12 小时时,则可提前开花,从播种到开花只需 60 天,此时管状花较多。也可通过调整播种时间和摘心来控制花期。

4. 生产中常见问题及注意事项

👉 百日草在生长后期容易徒长,为此,种植者应适当降低温度,控制在 25℃ 左右,加大通风量。还应及时摘心,促进腋芽生长。一般是在株高 10 厘米左右时进行,留下 2 ~ 4 对真叶后摘心。要想使植株低矮而开花,常在摘心后腋芽长至 3 厘米左右时喷施比久,浓度为 5 000 毫克/升,每隔 7 ~ 10 天喷施一次,连续 2 ~ 3 次。

👉 百日草不抗病,非常容易感染由交链孢属真菌和黄单孢杆菌引起的叶片坏死黑斑病和白粉病。病虫害防治坚持"预防为主,综合防治"的原则,首先从防病入手,播前对种子进行杀菌处理,土壤消毒,中期搞好棚内空气和土壤温湿度的调控,破坏发病条件。可每隔 15 ~ 20 天喷施 70% 甲基硫菌灵可湿性粉剂 1 000 ~ 2 000 倍液,每隔 7 ~ 10 天喷施 75% 百菌清可湿性粉剂 800 倍液。

5. 常见病虫害

(1)常见病害

1)白粉病 主要危害叶片及茎干。

2)灰霉病 主要危害叶片及花。

3)细菌性叶斑病 主要危害叶片。

4)黑斑病 主要危害叶片。

(2)常见虫害 易受蓟马、白粉虱、蚜虫危害。

(3)防治方法 参见本书六有关内容。

（十二）四季海棠

又名四季秋海棠、蚬肉秋海棠、玻璃翠、瓜子海棠，为秋海棠科秋海棠属多年生草本植物。原产巴西、丹麦、瑞典、挪威等国。近年，中国的应用量逐年增大。

1. 简介

（1）形态特征　肉质草本，株高 15～30 厘米；根纤维状。茎直立，肉质，基部多分枝。叶卵形或宽卵形，叶缘有不规则缺刻，因品种而异，有绿（图 7-25、图 7-26）、红、褐绿（图 7-27）等色，并具蜡质光泽。花顶生或腋出，雌雄异花，雌花有倒三角形子房。花色有橙红色、桃红色、粉红色、白色等。雄花较大，花被片 4，雌花稍小，花被片 5。花期长，几乎全年能开花，但以秋末、冬、春季节较盛。蒴果绿色，种子较小，每克 7 000～8 000 粒。

图 7-25　绿叶红花四季海棠

图 7-26　绿叶粉花四季海棠

图 7-27　褐绿叶四季海棠

（2）**生长习性** 喜温暖、湿润和阳光充足的环境。生长适温18～25℃。冬季温度不低于5℃，否则生长缓慢或停止生长，近乎休眠状态。夏季温度超过32℃，茎叶生长较差，需采取遮阴措施。但某些耐热品种在高温下仍能正常生长。喜温暖湿润的气候，喜半阴和富含腐殖质、疏松、透气性好的沙质壤土环境条件。

（3）**现主要栽培品种** 国内主要栽培品种全部由国外进口，现将各品种特征简介如下：

1）倍优系列（Bayou） 株高25～35厘米，冠幅20～25厘米。长势旺盛，株型丰满，植株健壮。

2）超奥系列（Super Olympia） 美国泛美公司培育。杂交F_1代种，株高20～25厘米，叶片绿色。花径2厘米，耐热。播种到开花4.5～5个月，栽后生长温度要高于16℃。

3）蒙扎系列（Monza） 株高20～25厘米，叶片绿色，株型紧凑，开花极早的大花类型，地栽后仍可保持优秀的株型，耐热性强，强光下叶色不变红。

4）鸡尾酒系列（Cocktail） 叶片铜色，花径2厘米，耐热性强。

5）巴特兵系列（Bada Bing） 株高20～25厘米，冠幅15～20厘米。叶片绿色，开花早，整齐一致。分枝性极强，能迅速覆盖容器。

6）巴特布系列（Bada Boom） 株高20～25厘米，冠幅15～20厘米。叶片铜色，其余性状表现与巴特兵表现一致。

7）大使系列（Ambassador） 植株低矮，株型紧凑，长势一致。叶片绿色，花色丰富，花量大。

8）皇帝系列（Emperor） 日本坂田公司培育。花期比其他品种早10～14天，耐高温干燥环境，长势强健，花型大，丰花性好。

9）皇后系列（Queen） 日本坂田公司培育。花量丰富的重瓣花，生长势强，耐热性好，可作为庭院和吊篮应用，观赏性强。

10）和谐系列（Harmony） 株高15～20厘米，叶片古铜色，花大开花早，植株整齐，开花不断。抗雨淋，耐热。

11）前奏曲系列（Prelude） 株高15～20厘米，叶片绿色，户外表现极佳，其他性状与和谐系列接近。

2. 穴盘育苗

北方地区，五一用花可于1月下旬播种，十一用花于6月中上旬播种。发芽天数5～10天，穴盘育苗8～10周。

（1）**播种** 基质pH 5.5～5.8，低pH能促进对钙、镁的吸收。四季海棠为需光种子，播后不需覆土。对高盐非常敏感，EC要低于0.75毫西/厘米。

（2）**播种后管理**

1）第一阶段　胚根萌发阶段,温度为 25～26℃,需保持很高的基质湿度,甚至饱和。1 000～4 000 勒的光照有利于发芽。

2）第二阶段　子叶出土阶段,温度保持在 22～25℃,基质相对湿度仍保持在 95% 左右。子叶完全展开,开始施用 20-20-20 复合肥,浓度为 50～75 毫克/升。施肥后要浇清水 1 次。

3）第三阶段　温度控制在 20～22℃,第一片真叶完全展开后,于两次浇水间让基质干透,促进根系发育和控制节间生长。低光照会导致幼苗徒长,但不要大于 25 000 勒。强光照会使叶缘灼伤。此阶段施肥浓度提高到 100～150 毫克/升,可选择 20-8-20、14-0-14 的复合肥或硝酸钾、硝酸钙。

4）第四阶段　炼苗阶段,温度控制在 16～20℃,可以等基质略干后浇透水,此时光照强度应大于 25 000 勒。此阶段不能施铵态氮肥。

5）生长调节　子叶展开后补光 2～3 周,光强 4 500～7 000 勒,可大大缩短栽培周期并促使植株提早开花。四季海棠对多效唑敏感,可施用 2 500～5 000 毫克/升的比久来控制株高。

3. 移栽及栽后管理

从播种到开花,北方地区需 14～16 周,南方地区 13～15 周。

（1）移栽　炼苗 7 天左右进行移栽,可直接移入 12 厘米×12 厘米的营养钵内。栽培基质 pH 5.5～6。

（2）栽后管理

1）温度　移栽初期夜温应为 18～20℃,缓好苗后应降至 16～18℃。昼温保持在 20～25℃。

2）水分　基质略干后浇水,见干见湿。应在清晨浇水,避免因叶片温度过高而导致叶片灼伤。

3）光照　光照强度仍维持在 25 000 勒左右,强光照会对植株造成伤害。

4）施肥　每浇 2～3 次清水,施肥 1 次。避免使用铵态氮肥,造成枝条徒长。应施用硝酸钙肥料如 14-0-14,浓度为 100～150 毫克/升。

5）生长调控　株高 10 厘米时应打顶摘心,可有效地压低株型,促使新枝萌发。还可以使用生长调节剂来控制株高,移栽后两周喷施矮壮素,浓度为 500～1 000 毫克/升,可增加开花数量。

4. 生产中常见问题及注意事项

☞四季海棠易出现缺钙、缺镁症状,植株萎黄且叶片边缘有灼伤,出现此症状时可施用硫酸钙、硫酸镁等以补充钙、镁元素。过量施用铵态氮肥还会导致植株徒长,开花数量少等,要注意与硝态氮肥交替施用。

👉四季海棠除种子繁殖外还可选用扦插繁殖。春、秋季进行扦插,剪取长 10 厘米的顶端嫩枝作插条,插于细沙、珍珠岩或蛭石中。保持较高的空气相对湿度和 20 ~ 22℃室温,插后 16 ~ 20 天生根。还可使用生根粉促进生根。

5. 常见病虫害

(1) **常见病害**
1)根腐病　主要危害根部。
2)立枯病　主要危害幼苗茎基部及地下根部。
3)灰霉病　主要危害叶片及花。
(2) **常见虫害**　易受蓟马、蚜虫危害。
(3) **防治方法**　参见本书六有关内容。

(十三) 非洲凤仙

又名苏丹凤仙花、何氏凤仙花、苏氏凤仙花等,凤仙花科凤仙花属多年生肉质草本。常作一二年生栽培。原产东非,现在世界各地常广泛引种栽培。

1. 简介

(1) **形态特征**　株高 30 ~ 70 厘米。茎直立,绿色或淡红色。叶片互生,呈宽椭圆形、卵形或长椭圆形,顶端尖,基部楔形,叶边具齿。花梗生于上部叶腋,花 1 ~ 2 朵。花大小和色彩多样,紫红色、淡紫色、蓝紫色、深红色、鲜红色或有时白色,见图 7 - 28。蒴果纺锤形,每克种子 1 250 ~ 2 700 粒。

(2) **生长习性**　喜温暖、湿润气候,阳光充足但不暴晒为宜,夏季生产需稍

图 7 - 28　非洲凤仙

遮阴,不耐干旱和水涝,适宜在肥沃、疏松和排水良好的沙质壤土中生长。生长温度为15~25℃,冬季不应低于12℃,空气相对湿度为70%~90%为宜。在适宜的环境下可实现周年开花。

(3)现主要栽培品种 国内主要栽培品种全部由国外进口,将各品种特征简介如下:

1)翼豹系列(Impreza) 美国泛美公司培育。株高15~20厘米,冠幅30~35厘米,开花早,花色齐全。株型丰满,长势一致。

2)超级精灵系列(Super Elfin) 美国泛美公司培育。株高20~25厘米,冠幅30~35厘米,植株长势强健,花期早,花期一致,花大色艳。

3)重音系列(Accent) 株高25~30厘米,分枝性强,花径4~6厘米,是色彩丰富的非洲凤仙种类。

4)杰出系列(Advantage) 德国班纳利公司培育。植株低矮,20~25厘米,株型紧凑不徒长,抗热性强。

5)节拍系列(Tempo) 德国班纳利公司培育。株高25~36厘米,花期早,花大,花径4~5厘米。开花整齐紧凑,颜色丰富,具24种颜色和9种混色。

6)金色丛林(Jungle Gold) 美国泛美公司培育。独特奇异的非洲凤仙品种,株高38~45厘米,冠幅30~35厘米,花朵黄色,在遮阴条件下长势良好,独特的兰花状金黄色花,叶色深绿,长势强,植株分枝性好,开花不断。

7)博览系列(Exop) 美国泛美公司培育。株高20~25厘米,冠幅30~35厘米,持续开花能力强,枝条紧密,夜温较低的条件下也能表现良好。

8)漩涡系列(Swirl) 美国泛美公司培育。株高20~25厘米,冠幅30~35厘米,独特的石竹花边形图案。

9)小矮人系列(Dwarf Mixture) 美国泛美公司培育。混色,发芽率,花色丰富。与其他品种相比,价格低。

10)星云系列(Stardust) 株型紧凑,分枝性好,花量大。每朵花的花瓣上都有一个白色星形图案。

11)重奏系列(Envoy) 株高50厘米,大花型品种,花径为8~10厘米。生长势强健,适合吊篮或大容器栽培。

2. 穴盘育苗

北方地区,五一用花,可于头年的12月末播种。十一用花,可于6月初播种。

(1)播种 基质pH 6.2~6.5,播后种子不需覆盖,发芽时需弱光条件。

(2)播种后管理

1)第一阶段 需3~5天,发芽温度22~24℃,超过25℃种子容易产生热休眠。保持基质潮湿或接近水分饱和。给予1 000~4 000勒的光照可提高发芽率。保证土壤

pH 6 ~6.2,非洲凤仙发芽阶段对高盐度很敏感,EC 小于 0.75 毫西/厘米。保持铵态氮的浓度低于 10 毫克/升。

2)第二阶段　需 10 天,土壤温度为 22 ~24℃,幼根长出后降低土壤湿度,基质稍干燥时及时喷水,使出苗生根良好。子叶展开后,每天用 4 500 ~7 000 勒光照照射植株,使光照时数达到 12 ~18 小时。保证铵态氮的浓度低于 10 毫克/升,EC 小于 1 毫西/厘米。子叶完全展开时,开始施用 50 ~75 毫克/升 14 − 0 − 14 的氮肥或硝酸钾、硝酸钙,浇 2 ~3 次水施肥 1 次。

3)第三阶段　需 14 ~21 天,温度应在 20 ~22℃浇水见干见湿,避免严重萎蔫。交替使用 20 − 0 − 20 和 14 − 0 − 14 的氮肥,或其他硝酸钾或硝酸钙,施用浓度提高到 100 ~150 毫克/升。

4)第四阶段　需 7 天,温度保持在 17 ~18℃,基质干透再浇水。保证基质 pH 6 ~6.2,EC 小于 1 毫西/厘米。

5)生长调节　必要时使用昼夜温差控制株高,也可使用比久、多效唑等生长调节剂。

3. 移栽及栽后管理

从播种到移栽,200 穴孔的穴盘需 5 ~6 周,128 穴孔的穴盘需 6 ~7 周。

(1)**移栽**　穴盘苗 4 ~6 片真叶,根部盘好时可进行移栽。可直接栽入 13 厘米 × 13 厘米的营养钵内。栽培基质 pH 6.2 ~6.8。

(2)**栽后管理**

1)温度　非洲凤仙对温度的反应比较敏感,不耐寒,生长适温为 18 ~25℃。冬季温度不低于 12℃。当温度低于 10℃时,生长停止。5℃以下植株受冻害。花期室温高于 30℃,会引起落花现象。抗热品种,可耐 30℃以上高温。

2)水分　非洲凤仙喜湿润气候,要求空气相对湿度为 70% ~90%。对水分要求比较严格,幼苗期必须保持盆土湿润,切忌脱水和干旱,对根系和叶片生长不利。夏秋空气干燥时,应经常喷水,保持一定的空气相对湿度,盆内不能积水,否则植株受涝死亡。在花期不可浇大水,否则易烂根。

3)施肥　除上盆时应施底肥之外,在其生长期还应交替施用浓度为 150 毫克/升的 15 − 0 − 15 与 20 − 0 − 20,两次施肥间浇清水 1 次。也可施用浓度为 20 000 毫克/升的硝酸钾、磷酸二氢钾液肥 3 ~4 次。基质 EC 1 毫西/厘米。施肥过量,会导致植物过高、叶片过多、叶色深绿、花期推迟或花朵在叶片之下。

4)光照　非洲凤仙性喜阴,不耐阳光直晒,尤其在半阴的条件下最为适宜。在夏季高温期和花期,要防止强光直射,应设遮阳网防止强光暴晒。冬季在室内栽培时,需充足阳光,但中午强光时适当遮阴,有利于非洲凤仙叶片的生长和延长开花观赏期。

5)生长调节　控制施肥,尤其是少施铵态氮肥和磷肥。星云系列非洲凤仙对昼夜温差敏感,负昼夜温差使植株变矮。

4. 生产中常见问题及注意事项

☞ 非洲凤仙具较强的分枝能力。但如不进行整形修剪,很难达到理想的株型和上乘的品质。因此,栽培管理中一定要及时进行修剪。当小苗长到10厘米左右时,留2~3个节将尖掐掉,每个节能分生出3~5个枝条,10周后即可形成冠幅直径为30~50厘米的成品。每次整形修剪后要立即喷洒杀菌剂,以保证伤口不受病菌污染。

☞ 非洲凤仙可以使用的生长调节剂有比久、多效唑或烯效唑,但生长调节剂的过度使用,会造成未成熟的叶子出现倒杯状畸形或者扭曲。通过调节水分、光照及肥料,也可在一定程度上控制植株生长。

非洲凤仙如基质pH过高时,很容易出现缺硼症状。

5. 常见病虫害

(1)**常见病害**

1)根腐病　主要危害根部。

2)茎腐病　主要危害茎基部及地下根部。

3)灰霉病　主要危害茎基部及地下根部。

(2)**常见虫害**　易受蚜虫、蓟马危害。

(3)**防治方法**　参见本书六有关内容。

(十四)瓜叶菊

菊科瓜叶菊属多年生草本,常作一二年生栽培。是我国北方地区主要温室盆花之一。

1. 简介

(1)**形态特征**　茎直立,株高30~70厘米。叶具柄被密绒毛,叶片大,肾形至心形。顶端急尖或渐尖,基部深心形,边缘不规则三角状浅裂或具钝锯齿。头状花序直径3~5厘米,多在茎端排列成宽伞房状,见图7-29。花序梗长3~6厘米,较粗。总苞钟状。总苞片1层,披针形,顶端渐尖。瘦果长圆形,长约1.5毫米,具棱。种子细小,每克3 500~4 000粒,寿命为2~3年。

图 7 - 29 瓜叶菊

（2）**生长习性** 凉爽的气温、充足的阳光和良好的通风是其适宜的生长环境,忌干燥的空气和烈日暴晒。喜疏松、排水良好、富含腐殖质而排水良好的沙质壤土,忌干旱,怕积水,适宜中性和微酸性土壤。花期为 12 月至翌年 4 月,盛花期 3 ~ 4 月。在苏南地区,瓜叶菊一般当年 12 月即可上市,可陆续供应至翌年的 5 月。

（3）**现主要栽培品种** 分为高生种和矮生种,现国内主要栽培品种多为国外进口。主要品种简介如下:

1）威尼斯系列（Venezia） 荷兰先正达公司培育。为 F_1 代种子,植株低矮,株高 25厘米。花小繁多,花径 4 厘米左右。花色丰富,有蓝色、酒红色、杏红色、白色、复色等。可周年生长开花,整齐度高。与其他瓜叶菊相比生产期短。

2）纪念品系列（Souvenir） 美国泛美公司培育。属大花型,花径可达 7 厘米,比普通多花型瓜叶菊品种花径更大。雏菊型,花朵色彩丰富,叶片浓绿。生长势强,观赏效果佳。

3）小丑系列（jester） 美国高美公司培育,该公司现已被先正达公司收购。为 F_1 代种子,株型低矮紧凑,植株饱满,株高 20 ~ 25 厘米。叶小花多,花径 3.5 厘米,花朵紧密地覆盖于整个植株之上,盛花期可形成球状花冠。花色丰富且复色花多,花色纯正。较耐寒,为冬季、早春的主要盆花品种。

4）完美系列（perfection） 日本泷井公司培育。极早生、多花品种。植株矮生,株型紧凑,非常适合盆栽应用。花径 2.5 ~ 3 厘米,花量繁多,色彩丰富的菊状花。表现极佳的优良品种。

5)豌豆公主系列 国产品种,江苏盆花研究所培育。株高低矮,仅为 15 厘米,冠幅 20 厘米左右,花径仅为 1.5~2 厘米,10 厘米的花盆即可栽植。植株玲珑精致,非常适合春节盆栽。

目前市场上瓜叶菊的主要国产品种还有浓情、勋章、激情、美满、喜洋洋等,这些品种,表现也很好,价格较进口品种便宜很多。在瓜叶菊的育种方面,国内主要是江苏大丰盆花研究所,且国内 80% 的瓜叶菊市场已被大丰盆花研究所占领。

2. 穴盘育苗

根据所需花期来确定播种时间。早花品种播后 5~6 个月开花,一般品种 7~8 个月开花,晚花品种要 10 个月开花。可在低温温室或冷床栽培,生长适温为 10~15℃,以夜温不低于 5℃,昼温不高于 20℃ 为最适宜。

(1)**播种** 基质的配制方法为,泥炭、蛭石与珍珠岩的比例为 3:1:1。pH 6.5~7.5,EC 值小于 0.75 毫西/厘米。穴盘规格选用 200 穴或 128 穴均可。瓜叶菊种子细小,萌发需光照,播后不需覆土。

(2)**播种后管理** 瓜叶菊的发芽天数 7~10 天,育苗周期为 7~8 周。

1)第一阶段 胚根萌发,需 5~7 天。基质温度应在 20~24℃,湿度 95% 以上,光照强度 1 000 勒左右即可。

2)第二阶段 茎干和子叶出现,需 8~12 天。出苗后,逐渐加强光线,加强通风,基质仍需保持湿润,但要防止过湿。子叶完全张开时,开始用 50~75 毫克/升的水溶性肥料。

3)第三阶段 种苗已长出真叶,开始快速生长,需 21~28 天。此阶段后期瓜叶菊幼苗根系穿透基质并开始逐步向包裹基质团发展。基质湿度保持在 50%~70%,浇水前让土壤有轻微的干燥。尽量早上浇水,傍晚落干。此时,需光强度为 4 900~7 500 勒,开始交替施用 100 毫克/升的 20-10-20 与 14-0-14 水溶性肥料。

4)第四阶段 需 7~10 天,良好的根系已形成,真叶 5~6 片,准备移植或运输。加强通风,基质温度应降低到 15~17℃。湿度应较前一阶段更低一些(50%~60%)。浇水前允许基质干燥,但要避免过长时间的萎蔫。施肥以 100 毫克/升的 14-0-14 水溶性肥料为主。

3. 移栽及栽后管理

(1)**移栽** 当穴盘苗长至 6~7 片真叶时即可移栽上盆,可先定植于 12 厘米×13 厘米的营养钵内。植株稍大后可换到为 18 厘米左右的营养钵或塑料盆内。培养土可选用腐叶土、泥炭土和等量的园土,加入适量缓释肥,也可加入充分腐熟的动物粪肥。

（2）**栽后管理**

1）温度　瓜叶菊栽后苗期生长适宜温度为 10～15℃，高于 25℃或低于 10℃，生长缓慢。高于 30℃或低于 5℃，生长将受抑制，0℃以下冻害严重。白天温度高于 20℃可造成徒长。为使其提早开花，现蕾后可在 20～25℃培养，可提前开花。在蕾期，控制温度在 4～8℃，可延迟开花。

2）水分　瓜叶菊在生长过程中，需充足的水分，冬季可适当减少水分的供给。不可使盆内长期积水，否则会引起腐烂。如发现萎蔫现象，可置于阴凉处，晾晒根部。晾晒后换土移栽，可用清水喷叶面，直到生理机能有所恢复时再进行常规管理。

3）光照　瓜叶菊为短日照喜光植物，生长期光照充足，能使植株健壮、株型紧凑、花繁色艳，每天的光照时间应为 8 小时。播后 130 天左右进入花芽分化期，此时应光照充足，此后应相对延长光照时数，以促进孕蕾。夏季避免阳光直射，光照不足时，可用灯光补充，并注意光强、光质，增加人工光照能防止茎的伸长。瓜叶菊趋光性强，应经常转动方向可防止植株偏长，保持株型、花姿匀称，每周转动花盆 1 次。视实际生长情况，及时拉开盆距，避免植株叶片互相重叠，因光照不足而徒长。

4）施肥　生长期的追肥视生长情况而定。如栽培土肥沃，植株健壮，叶片舒展，颜色深绿，可以减少追肥次数。上盆初期，施肥以氮肥为主，为使叶片迅速扩大，可交替施用 14 - 0 - 14 与 20 - 10 - 20 水溶性肥料，两次施肥中间浇水 1 次，浓度为 200～300 毫克/升。当植株的叶片完全长大时，停施氮肥，改施磷、钾肥，每隔 1 周施 1 次充分腐熟的鸡粪液肥，浓度为 10%～20%。现蕾后宜叶喷 0.3%的磷酸二氢钾溶液，切忌施氮肥。

4. 常见病虫害

（1）**常见病害**

1）白粉病　主要危害叶片及茎干。

2）叶斑病　主要危害叶片。

3）根腐病　主要危害幼苗及根部。

（2）**常见虫害**　易受白粉虱、蚜虫和红蜘蛛等危害。

（3）**防治方法**　参见本书六有关内容。

（十五）黑心菊

全名是黑心金光菊，菊科金光菊属一二年生草本。原产美国东部地区，我国各地均有栽培。

1. 简介

（1）**形态特征**　茎直立，多棱。株高 30～100 厘米，全株被白色粗硬毛，枝叶粗糙。

上部叶互生,长椭圆形至阔披针形,下部叶近匙形。头状花序,单生枝顶,舌状花单轮开展,金黄色,筒状花棕黑色,呈半球形,见图7-30、图7-31、图7-32。花期5~10月。瘦果四棱形,黑褐色。每克种子950~2 800粒。

图7-30 黑心黑心菊

图7-31 黄心黑心菊

图7-32 重瓣黑心菊

（2）**生长习性** 生长强健，适应性强，耐干旱，耐寒，耐半阴。喜温暖，喜光，喜向阳通风环境。不择土壤，但在排水良好的沙壤土上生长更佳。

（3）**现主要栽培品种** 目前国内主要栽培的金光菊品种为国外进口品种，简介如下：

1）爱尔兰之眼（Irish Eyes） 美国泛美公司培育。株高60～90厘米，冠幅35～45厘米。花园表现好，诱人的鲜艳黄色大花，花径5～7.5厘米，花心呈绿色，成熟后棕色，作一年生品种栽培。可耐 -18℃低温。

2）莫雷诺（Moreno） 美国泛美公司培育。花色为独特的红褐色。株高30～50厘米，冠幅25～30厘米。花园种植长势旺盛，花朵大，耐热，基部分枝多，非常适合景观美化，花坛和盆栽使用。是中度耐寒的多年生品种，也可以作为一年生品种推广使用。

3）金曲（Goldsturm） 美国泛美公司培育。株高60～70厘米，冠幅35～45厘米。金黄色的单瓣大花，花心部颜色深。植株挺拔，叶色深绿。可耐 -40℃低温。

4）滔滔（Toto） 德国班纳利公司培育。株高30～35厘米，花径5～7厘米，花量大，分枝力强。长日照条件下开花不断，颜色有金黄色、柠檬黄、混合色等。

5）切洛基日落（Cherokee Sunset） 株高60～75厘米，冠幅30厘米。花重瓣或半重瓣，直径7.5～10厘米，黄色、橙色、红色、青铜色和红褐色，偶见双色。喜全光照，第一年开花繁盛。

6) 草原阳光（Prairie Sun） 德国班纳利公司培育。株高 70～80 厘米，单瓣大花，花金黄色，边缘淡黄色，芯部绿色。抗性强，极耐旱，是花坛和花境极好的背景材料，也是作为切花的极佳品种。

7) 玛雅（Maya） 德国班纳利公司培育。株高 40～50 厘米，世界上第一个矮生、完全重瓣的金光菊品种。基部分枝佳，茎干强健，花金黄色，花径 9～12 厘米，花期长。

8) 秋色（Autumn Colors） 株高 50～60 厘米，花径 12 厘米。花瓣为铜黄色、红色环状纹和红褐色花蕊，呈现出秋天般的艳丽色彩，和其他浅黄色和金黄色的姊妹品种形成鲜明对比。"秋色"非常适合与其他花坛植物或观赏草一起配合装饰花坛。

9) 金色虎眼（Tiger Eye Gold） 为第一个杂交的 F_1 代黑心菊品种。一年生，株高 40～60 厘米，冠幅 30～35 厘米。花色有金黄和黄色两种。在株高、花径、花色方面具有高度的一致性，对白粉病敏感性低。

10) 响音（Sonora） 德国班纳利公司培育。株高 45～50 厘米，花径 12～15 厘米，花色独特，花瓣金黄色，基部大轮的红褐色环状纹。

11) 贝奇（Becky） 株高 25～30 厘米，花径 10 厘米，常规品种。早花，具有耐热耐干燥特性，生长适宜温度 18～25℃，优良的夏季盆栽品种。

2. 穴盘育苗

黑心菊的播种时间一般在春、秋两季。春季 3 月和秋季 9 月为自然生长的最佳播种时间。播种时间与它的自然花期关系密切，春季 3 月播种，6 月至 7 月开花。秋季 9 月播种，11 月定植上盆。南方可露地越冬，翌年 5 月至 6 月开花。

(1) **播种** 穴盘选用 200 穴或 288 穴。基质 pH 5.8～6.2。EC 1 毫西/厘米左右。播种后覆上一层薄薄的蛭石。

(2) **播种管理** 黑心菊发芽天数为 10～14 天，育苗周期为 6～8 周。

1) 温度 发芽温度 24～25℃，子叶出土后将温度降低至 18～20℃，真叶生长温度为 18～20℃。

2) 光照 发芽时保持光照 100～1 000 勒，出苗后白天控制光照在 25 000～45 000 勒，营养生长期光照 35 000～55 000 勒。日照时间每天超过 13 小时能促进开花。

3) 水分 发芽期保持土壤潮湿，接近饱和。子叶展开后，让土壤稍干燥再浇水，以促进萌芽和根的生长。快速生长期时，要等到土壤彻底干燥时再浇水，但要防止长期萎蔫。炼苗期待土壤彻底干燥后再灌溉，有干湿交替的周期变化。

4) 施肥 在子叶完全展开，真叶出现后开始施肥。施用配比为 14－4－14 或 17－5－17 的氮肥 50～100 毫克/升，或每周使用 1 次 50 毫克/升的硝酸钙或氯化钙。基质 EC 保持在 1 毫西/厘米左右。快速生长期施肥浓度上升到 150 毫克/升，EC 控制在

1～1.5毫西/厘米。

5）生长调控   控制穴盘苗的生长，首先是要控制环境，比如：控制温度不能超过20℃，浇水保持见干见湿，施肥浓度不能过大等。加强营养和水分的管理，也可运用昼夜温差来控制株高。调控生长的最好办法就是控制好湿度、肥料和温度。如果需要，可喷洒2 500～5 000毫克/升的比久或15～20毫克/升的多效唑。

3. 移栽及栽后管理

黑心菊从播种到开花需16～19周。

（1）**移栽**   当穴盘苗长到7～8片真叶，且根系盘好基质时可进行移栽，直接移栽到13厘米×13厘米的营养钵内。栽培基质pH 6～6.2，EC 1.5～1.75毫西/厘米。

（2）**栽后管理**   黑心菊从移栽到开花需要6～8周。清除老叶叶子过密时，需将植株外层老叶、病叶及时摘除，以改善光照及通风条件，减少病虫害，且有利于新叶和花芽的发育和生长，提高产量。

1）温度   黑心菊喜温暖、阳光充足，空气流通的栽培环境。植株生长期最适温度为20～25℃，白天不超过26℃，夜间在10℃以上。温度持续在16℃以下将导致植株叶片变红。在适宜的温度下，植株可以不休眠而继续生长开花。

2）水分   刚移栽的小苗应适当控水蹲苗。快速生长期，充足供水促进生长。花期灌水，切勿使叶丛中心钻水，引起花芽腐烂。避免过度浇水和过分干燥，过于干燥会导致叶缘坏死。在冷室中栽培严禁从植株上方浇淋，且后期湿度不能过高，以防灰霉菌的滋生。

3）光照   长日照植物，为了得到良好的开花，要求保持白昼长度在14～16小时。保持较高的光照水平，提高植物品质和茎干的伸长。冬季和早春要为盆花和切花生产补充光照。可采取缩短日照时间的方法来控制植株继续生长。在移植的2～5周后持续短日照10小时，7～10天可使植株生长更为紧凑，然后再将其重新放置于长日照条件下。冬季由于光照不足而应增强光照，夏季由于光照过强而适当遮光，并通过遮阴而降温，防止因高温而引起休眠。

4）施肥   黑心菊花大、叶多，生长期间消耗养分多，应及时追肥补充，需要氮、磷、钾的比例约为15:8:25。特别在花期，应提高磷、钾肥的施用，每100平方米施用硝酸钾0.4千克、硝酸铵0.2千克或磷酸铵0.2千克，每10天施用1次。为防止镁和铁缺乏，可分别喷施浓度为0.05%的硫化镁1～2次，及铁螯合物1～2次。

4. 生产中常见问题及注意事项

保持较低湿度并提供良好的通风环境，避免过度浇灌或干旱。在较冷的温度条件下，避免在晚上进行喷灌，以减少植株发生葡萄孢菌属病害的风险。

5. 常见病虫害

（1）*常见病害*

1）猝倒病　主要危害小苗。

2）茎腐病　主要危害茎。

3）灰霉病　主要危害叶片。

（2）*常见虫害*　易受白粉虱危害。

（3）*防治方法*　参见本书六有关内容。

（十六）杂交石竹

石竹科石竹属多年生草本,常作二年生栽培,原产中国。

1. 简介

（1）*形态特征*　株高20～60厘米,直立丛生状。叶对生,线状披针形,先端渐尖,基部抱茎。单生或数朵簇生成聚伞花序,花瓣5,先端有锯齿,稍有香气。花色丰富,有红色、粉红色、紫红色、白色或各种颜色的镶嵌色见图7－33、图7－34、图7－35。蒴果长椭圆形,顶端4～5齿裂。种子黑色,每克种子为800～2 500粒。

图7－33　复色杂交石竹

图 7 - 34　粉色带白斑杂交石竹

图 7 - 35　亮玫红色杂交石竹

（2）**生长习性** 喜排水良好、肥沃沙质壤土，但瘠薄处也可生长开花。其性耐寒耐干旱，而不耐酷暑，夏季多生长不良或枯萎，栽培时应注意遮阴降温。喜阳光充足、干燥、通风的环境。繁殖有播种与扦插，北方秋播，翌春开花。南方春播，夏秋开花。生育适温在10～25℃。

（3）**现主要栽培品种** 目前国内主要栽培的石竹品种为国外进口 F_1 代杂交品种，多为种间杂交种，故称为杂交石竹。现将进口品种简介如下：

1）钻石系列（Diamond） 日本坂田公司培育。早生品种，植株长势和所有花色的花期都非常整齐一致，花坛表现优秀，适合春秋季节销售。株高15厘米，冠幅20厘米，花径4厘米。有纯色和复色类型，株型紧凑，分枝能力极强，钻石浅粉色的花色非常特殊，从白色变为粉色，花期快结束时变为玫瑰红色。

2）繁星系列（Telstar） 株高20～25厘米，冠幅20厘米，花径4厘米。分枝性强，花期早，播种后11～13周开花，花色丰富。对疫霉属病害抗性强，耐热耐寒，直到霜降仍可开花，适合盆栽和花坛应用。

3）明星系列（Star） 该系列耐热且具有丰富的花色，开花比繁星系列要早，用于组合盆栽和美化装饰。株高20～25厘米，冠幅20厘米，花径4厘米。

4）完美系列（Ideal） 美国泛美种子公司培育。株高20～25厘米，冠幅20厘米。所有品种的习性和开花时间都非常相近，开花早，花簇顶生，带花边的花朵与鲜绿色叶片相映成趣，引人注目。适于盆盒容器或小花盆来高密度生产，用于春秋季销售。

5）特大冰糕和超级冰糕系列（Venti parfait & Super Parfait） 超大花品种，是市场上少有的大花品种之一，花色为粉色或白色带白边，还有混色。株高15～20厘米，冠幅20～25厘米，植株长势旺盛，整个生长季节都表现很好。

6）王朝系列（Dynasty） 株高40～50厘米，冠幅25厘米，最低可耐－23℃低温，可当年开花的多年生品种。为独特的重瓣石竹系列，花朵极像微型康乃馨。被视为优异的庭园切花品种。该系列适合在早春和秋季销售，耐寒性与完美系列相似，适于温室、大田和花园切花生产。

7）甜美系列（Sweet） 美国泛美公司培育。株高45～90厘米，冠幅25～30厘米。株茎品质好，株高整齐，开花时间一致。花大，花期长，花色纯正。

8）花束系列（Bouquet） 株高45～60厘米，冠幅25～30厘米。分枝性佳，花茎强健不需支柱。耐热性好，整个生长期开花不断。

9）亚马逊系列（Amazon） 株高45～90厘米，冠幅25～30厘米。叶片墨绿色而富有光泽，花色靓丽。花坛栽培，株高45～60厘米，冬季温室切花生产可达45～90厘米。

10）小威利系列（Wee Willie） 美国泛美公司培育。株高15厘米，冠幅15厘米。早花，自由授粉混合色品种。花色丰富，花单瓣，植株紧凑。

2. 穴盘育苗

在保护地条件下,石竹一年四季都可以播种育苗,但根据用花时间,北方地区一般花期控制在五一,五一用花可在 10 ~ 11 月播种,在大棚内生产,阳畦越冬,待气温有所回升后,再露地栽培。经过冷棚越冬的石竹,株型紧凑,开花繁茂。石竹种子外形规则,可以人工播种,也可以用播种机播种。

(1)**播种** 基质 pH 5.5 ~ 6、EC 0.5 ~ 0.75 毫西/厘米。穴盘选用 200 穴、288 穴均可。播种后需覆盖薄层粗蛭石。

(2)**播种后管理** 石竹正常条件下播种后 7 ~ 10 天即可发芽,育苗周期为 4 ~ 5 周。

1)温度 种子发芽最适温度为 21 ~ 22℃。苗期生长适温 15 ~ 22℃。温度高于 25℃会使植株徒长,苗细弱,上盆后容易倒伏。

2)光照 出苗后光照强度要小于 25 000 勒,强光照和短日照都会促进植株提早开花,影响穴盘苗质量。

3)水分 子叶出土前,保持基质相对湿度在 100%。真叶长出后,一般将基质相对湿度降到 30% 左右,两次浇水之间让基质有干透的过程,以基质干透,植株叶子刚刚出现萎蔫现象时喷水为宜。

4)施肥 在子叶完全展开,真叶出现后开始施肥。以含钙的硝态氮复合肥为主,第一次施肥应先用 50 毫克/升的 14 - 0 - 14 的氮肥,使地上部分先有一定的生长,以后以 50 毫克/升的氮肥为梯度每次递加。穴盘苗快速生长期,需每周交替施 1 ~ 2 次 150 毫克/升的 14 - 0 - 14 和 20 - 10 - 20 复合肥。保持 EC 0.5 ~ 0.75 毫西/厘米。

5)生长调控 必要时使用生长调节剂,在第一片真叶展开后开始施用浓度为 2 500 毫克/升的比久和 15 ~ 20 毫克/升的多效唑,在第二、第三片真叶生长期根据苗情可多次施用,且随着种苗生长,施用浓度要逐渐加大。

3. 移栽及栽后管理

(1)**移栽** 石竹从播种到移栽需 4 ~ 5 周,当穴盘苗长到 4 ~ 6 片真叶且根系盘好基质时可进行移栽,直接移植到 12 厘米 × 12 厘米的营养钵内,高生品种可移入 15 厘米 × 15 厘米的营养钵内。

(2)**栽后管理** 石竹从移栽到开花需要 6 ~ 7 周。

1)温度 石竹性耐寒,能耐一定低温,但也要防冻伤,一般不低于 5℃时均能正常生长,只是温度低时生长相对较慢,至开花所需的时间较长。定植后保持温度 15 ~ 20℃,使植株苗壮生长并分枝良好。气温高于 30℃时,将使其生长迅速衰弱甚至枯死。北京地区石竹能在冷棚内阳畦越冬,具体做法是在阳畦上再搭一层小拱棚,用塑料薄膜覆盖,在两层塑料布的防寒条件下可安全越冬。

2）水分　上盆后等到土壤稍干燥后再浇水,遵循不干不浇、浇要浇透、见干见湿的原则,使基质有个干湿交替的过程,以促进根的生长和地上部分、地下部分生长的平衡。过度浇水,会出现沤根现象。尤其夏季注意排水,石竹不耐水涝,茎容易从基部腐烂。

3）光照　石竹生长阶段,应给予全光照的环境条件。光照不足,容易引起营养生长旺盛,植株徒长,叶色较淡,节间长,分枝性差且花朵弱小,甚至影响开花时间。

4）施肥　除定植时的基肥外,生长期间每隔 15～20 天施用腐熟的有机质或化学肥料 1 次,肥料过多或浓度过高会导致开花延迟,以多元素复合肥为主,不建议单独使用氮肥。孕育花蕾时至开花后期,可以追施 200～400 毫克/升的 10－30－20 水溶性复合肥,喷施或灌根均可。以促进开花繁盛。6～7 月,花量变少、结实。加强肥水管理、修剪,可于 9～10 月再次开花。

5）生长调控　在高温条件下,石竹容易徒长,如果要控制石竹株型和高度,可使用植物生长调节剂。在快速生长期喷施 0.1～0.2 克/千克的多效唑溶液或 5 000 毫克/升的比久,喷到溶液刚好沿茎干往下流为止,可喷施 2～3 次,间隔期为 7～10 天。喷施后能使植株叶色浓绿,低矮紧凑,但只能在营养生长期(开花前)喷施,否则会使花期延后。也可以人工摘心来控制株型,移栽成活后,可进行 1～2 次摘心,促进多分枝,以增加开花数量。

4. 常见病虫害

(1) **常见病害**

1）褐斑病　主要危害叶、花梗、茎。

2）疫病　主要危害主茎。

3）细菌性斑点病　主要危害叶、花及茎。

(2) **常见虫害**　易受红蜘蛛、蚜虫、蓟马危害。

(3) **防治方法**　参见本书六有关内容。

(十七)彩叶草

又名五彩苏、老来少、五色草,唇形科鞘蕊花属多年生草本植物。常作一二年生栽培。原产于亚太热带地区,现在世界各国广泛栽培

1. 简介

(1) **形态特征**　株高 50～80 厘米,栽培苗多控制在 30 厘米以下。全株有毛,基部木质化,叶片形状因品种不同有所变化,卵形或圆形,表面绿色,有淡黄色、桃红色、朱红色、紫色等色彩鲜艳的斑纹,见图 7－36、图 7－37、图 7－38、图 7－39。花期夏秋季,顶生总状花序,花小,蓝色、淡蓝或带白色。小坚果平滑有光泽,种子细小,每克约 3 500 粒。

图 7 - 36　红心彩叶草

图 7 - 37　红叶彩叶草

图 7 - 38　巧克力色彩叶草

图 7 - 39　黄心彩叶草

（2）**生长习性** 性喜温暖，不耐寒。生长适温 20～25℃，冬季不能低于 10℃。5℃ 以下植株死亡。喜欢疏松肥沃、排水良好的土壤。在我国大部分地区不能越冬，因此需要保护地栽培。种子喜光，种植过程要水分充足，同时避免阳光直晒。

（3）**现主要栽培品种** 彩叶草有大叶型、彩叶型、皱边型、柳叶型、黄绿叶型等多种类型，现国内主要栽培品种简介如下：

1）奇才系列（Wizard） 美国泛美公司培育。植株低矮 30～35 厘米，冠幅 25～30 厘米。株型紧凑，中等至大型的叶片，叶色丰富多彩，有金黄色、猩红色等多种颜色。植株基部分枝性较强，具有晚开花晚结实的习性。不发生死顶现象，有极强的耐热性。

2）巨无霸系列（Kong） 美国泛美公司培育。株高 45～50 厘米，冠幅 38～50 厘米。植株挺拔，叶片较大，分枝性较好，适合遮阴生长。长势强健，生长速度快。观赏季节 4～10月。

3）多面手组合系列（Versa Collection） 美国泛美公司培育。株高 50～80 厘米，冠幅 45～55 厘米。耐热型品种，在全日照和遮阴环境下具有较好的表现。分枝性较好，开花晚。在生长季色彩丰富，有酒红色、西瓜红色、金边深红色等色彩。

4）航路系列（Fairway） 日本坂田公司培育。植株低矮，叶片小巧，颜色丰富。开花较晚，花期长。基部分枝强壮，适合在 10 厘米的营养钵栽植。

5）绚丽彩虹系列（Superfine Rainbows） 日本坂田公司培育。半矮生品种，基部分枝性强，花期晚，叶片颜色丰富。

6）浪花巧克力系列（Chocolate Splash） 美国泛美公司培育。株高 30～40 厘米，冠幅 30～40 厘米。属于耐热和耐阴品种，绿色叶片上有巧克力色的团，随着生长时间和光照条件图案会发生变化，养护简单易行。

7）薄荷巧克力系列（Chocolate Mint） 美国泛美公司培育。株高 35～50 厘米，冠幅 60～90 厘米。叶心为巧克力颜色，薄荷绿边。耐热耐阴，种子为丸粒化种子。需要注意的是该品种在栽培过程中要注意防止全光照，全日照会对叶片造成灼伤。

8）项链系列 矮生彩叶草，株高 25～30 厘米，分枝性较好，株型丰满，整齐一致。喜光也耐阴，有紫红色、深红色黄边、翡翠色、红边黄色、红色、黄色等品种。

2. 穴盘育苗

彩叶草 1～10 月均可播种，根据用花时期不同，常于 1 月底 2 月初、7 月上旬播种，分别为五一、十一做准备。

（1）**播种** 基质 pH 5.5～5.8，EC 小于 0.75 毫西/厘米。播后覆盖薄层蛭石，也可不覆盖，对生长发育影响不大。穴盘规格 288 穴。

（2）**播种后管理** 彩叶草正常条件下播种后 10～14 天可发芽，育苗周期 6～7 周。

1）第一阶段 幼根萌发，需 4～5 天。保持温度 22～24℃，保持土壤湿润但不要饱和程度。此阶段不需光照。

2）第二阶段　子叶出土及幼茎生长，需 10 天。温度仍保持在 22～24℃，降低湿度，见干见湿。基质 pH 5.5～6.2，保持氨的浓度小于 10 毫克/升。子叶完全展开，开始施用 50～70 毫克/升的氮肥。

3）第三阶段　真叶展开和生长，需 14～21 天。温度为 20～21℃，继续降低基质湿度。每浇 2～3 次水，需施肥 1 次，浓度为 150 毫克/升。

4）第四阶段　炼苗阶段，需 7 天。基质温度降至 16～17℃，增加光照强度，为移栽作准备。

3. 移栽及栽后管理

彩叶草从移栽到开花需 7～8 周。

（1）移栽　穴盘苗长至 6～7 周，根部盘好后，开始移栽上盆。可直接栽入 10 厘米×10 厘米的营养钵内，栽培基质 pH 5.5～6，EC 1 毫西/厘米。

（2）栽后管理

1）温度　彩叶草移栽后昼温应在 21～24℃，夜温应在 17～18℃。当夜温高于昼温时可以促进植株的生长。冬季应保持在 15℃ 以上的温度才可以安全越冬。

2）水分　彩叶草叶片大而薄，如果水分缺少会导致色彩暗淡。在生长季需要注意浇水和叶面喷水相结合的方式。但是要注意当盆土过湿的时候会引起植株徒长。冬季应控制浇水。

3）光照　彩叶草为喜光植物，全日照下叶色鲜艳，夏季不宜阳光直晒，会导致叶绿素的破坏。当光照高于 50 000 勒时应进行遮光处理。在其他季节一般不做遮光处理，防止由于缺光导致叶色暗淡。

4）施肥　彩叶草是中低度喜肥的植物，过分施肥会导致叶色暗淡，生长势减弱。一般来说，移栽后一周使用 1 次肥料即可，可交替施用 150～200 毫克/升的 15－0－15 和 20－10－20 水溶性复合肥。彩叶草使用稀薄的磷肥和钾肥可以使节间变短、枝密、颜色亮丽。同时还要注意每次摘心后施肥。过量的氮肥会导致叶片暗淡，在生产中需要注意。

5）整形修剪　为了使植株株型丰满，彩叶草需要进行摘心以促进侧枝的生长。当花序出现后应及时摘除，防止营养成分的消耗。对于留种的母株要减少摘心次数。第一次摘心应在 3～4 片真叶时，摘后留 2～3 片真叶。当彩叶草植株过老时，下部叶片会落叶，影响观赏价值，可以将上部枝条摘心，当长出下部新枝后应把新枝上部枝条剪除，重新培养出新的株型。

4. 生产中常见问题及注意事项

☞ 为保持结实率低品种的其他优良性状，生产中常采用扦插繁殖方式。选用无病虫害、健壮成熟、生命力旺盛的嫩株,切取5~10厘米的枝条。扦插基质应选择疏松基质,常用泥炭与珍珠岩比例为3:1的基质和腐叶土与锯末比例为1:1的基质。扦插可以在3~10月进行,温度在25~32℃,扦插后应注意水分管理,应及时向基质喷洒水分。湿度应达到90%以上。15天后长出新叶即可进行常规管理。根系长3厘米左右即可上盆。

5. 常见病虫害

(1)**常见病害**

1)猝倒病　主要危害种子和幼苗。

2)立枯病　主要危害茎基部和地下部分。

3)灰霉病　主要危害叶片。

(2)**常见虫害**　易受介壳虫、白粉虱,蚜虫、潜叶蝇、红蜘蛛危害。

(3)**防治方法**　参见本书六有关内容。

参考文献

［1］秦贺兰．花坛花卉优质穴盘苗生产手册［M］．北京：中国农业出版社，2012.

［2］叶剑秋．草花生产上的花期控制［J］．中国花卉园艺，2006（8）：37－39.

［3］包满珠．花卉学［M］．北京：中国农业出版社，2011.

［4］刘燕．园林花卉学［M］．北京：中国林业出版社，2003.